鳴き声から調べる昆虫図鑑

パソコン用CD付き

おぼえておきたい**75**種

高嶋清明・著

文一総合出版

出会いの
はじまりは、
虫の声。

繊細でうつくしいウスイロササキリ

「スイーッチョン」で知られるハヤシノウマオイ

　虫の声を聞き、何という虫が鳴いているんだろう？と思ったことはありませんか。それはもしかしたら、日本人のルーツにある「虫の音を愛でる心」がさわいでいるのかもしれません。

　古くは、1,000年以上むかしの万葉集に、虫の音をテーマにした和歌が数多く見られ、江戸時代には虫売りが大流行。虫を飼育して、鳴き声を楽しむ趣味が日本中に広まったように、わたしたちの祖先は、長いこと虫の声とともに暮らしてきました。こうした虫の音を楽しむ文化は、世界中を見ても、おとなりの中国、台湾、そして日本だけと言われています。ところが、現在は虫たちとの出会いがへり、このすばらしい文化がわすれられつつあります。

　この本は、キリギリスやコオロギ、セミなどの鳴く虫を、声から調べるための音図鑑です。巻末のディスクに収録した音データは、わたしが生息地を訪ねて、マイクを向けて集めたものです。読者の皆さんに、できるだけたくさん聴いてほしいですし、録音にもチャレンジしてほしいと思っています。いまの時代、録音機は虫の音を楽しむための最高のツールです。気になる虫の声を聞いたら、まずは録音機を使ってもち帰ってみましょう。

　音データの作成にあたっては、1匹の鳴き声をしっかりとらえることに加え、実際に野外で聞く音の印象も大事にしようと心がけました。わざとまわりのノイズや、ほかの虫の声をカットせず、現場の音空間の再現を目ざしました。さて、どこまで成功したでしょう。

　音のとらえ方は、個々の感覚にゆだねるしかありません。声についての解説も、私見が入っていますが、読者の皆さんそれぞれが、さまざまに解釈していただければと思います。まずは、この本をとおして、虫たちの鳴き声について興味と知識を深め、自分でも録音してみようと思うきっかけになれば幸いです。

夜によく鳴くセスジツユムシ

日中の草地に鳴くナキイナゴ

童謡「むしのこえ」に登場するマツムシ

もくじ

- 2 …… 出会いのはじまりは、虫の声。
- 6 …… 虫はなぜ鳴くのか？
- 8 …… 虫の鳴き声の分類
- 12 …… この本の使い方

- 14 …… キリギリスの発音のしくみ
- 16 …… キリギリスのなかま
- 35 …… クツワムシのなかま
- 36 …… ツユムシのなかま
- 42 …… コオロギの発音のしくみ
- 44 …… コオロギのなかま
- 56 …… マツムシのなかま
- 62 …… ケラのなかま
- 64 …… ヒバリモドキのなかま
- 74 …… カネタタキのなかま
- 76 …… バッタの発音のしくみ
- 78 …… バッタのなかま
- 86 …… セミの発音のしくみ
- 88 …… セミのなかま

- 102 …… 虫の音もさまざま〜「キイキイ」と鳴く虫たち
- 104 …… 虫の音もさまざま〜「震動」でコミュニケーション
- 105 …… 用語の解説
- 106 …… 鳴く虫の分布の拡大
- 108 …… 声の主を探すワザ
- 110 …… 部位の説明
- 111 …… 種名索引・参考資料・参考サイト

コラム
- 34 …… ①音集めの技法 録音機編
- 41 …… ②音集めの技法 マイク編
- 63 …… ③音を楽しむ
- 75 …… ④音を目で見る
- 85 …… ⑤加齢と音の聞こえ

夏の夜「リーン、リーン…」と、うつくしい鳴き声を響かせるスズムシ

虫はなぜ鳴くのか？

メス（左）のそばで鳴くオス（スズムシ）

浜辺のハマゴウに多いヒロバネカンタン

鳴きながらメス（右）に近づくオス（ミンミンゼミ）

　キリギリスやコオロギ、そしてセミのような虫は、どうしてあんな大きな音で鳴くのでしょう。
　一部の例外をのぞいて、鳴くのはオスだけです。生物界には、オスが派手でうつくしい例がたくさんありますから、オスだけにそなわった鳴き声も、メスを魅了するためのラブコールとしての役目があると想像できます。もちろん、このイメージはけっしてまちがいではありません。でも、オスたちは、その美声を競い合っているのでしょうか？　メスは、たくさんの声のなかから、いちばんのオスの声を選ぼうとしているのでしょうか？　これは、ちょっとちがうように思います。
　公園でにぎやかに鳴くセミを見ていると、メスはそれほどひんぱんに飛ぶ様子がありません。一方、オスは１か所で鳴きつづけることなく、メスがいないとわかればひんぱんに場所を変えて鳴きます。発音するオスのほうがよく動き、メスはオスが近くにくるのを待っているのです。メスは、鳴き声で同じ種類のオスが近くにきたと認識するや、積極的に

カンタンの求愛行動

オスに近づき、交尾にいたります。これはキリギリスやコオロギでも基本的には同じで、メスは適度に近づいたオスの鳴き声に反応し、出会いが生まれます。

　虫たちが鳴くいちばんの目的は、仲間どうしが集まることにあるといっていいでしょう。オスはたくさんの声のなかで鳴くことを好み、鳴いても返ってくる声がないと、ここはダメだと場所を変えます。そうして、同じ種類の鳴き声が多く聞こえるほうに移動することで、自然に食べものが豊富で、すごしやすい環境に集まることになり、漠然と群れができます。もちろん、メスも鳴き声の多く集まる場所を求めて群れにくわわります。そうして、オスとメスの出会いのチャンスが生まれます。

草のかげで鳴くマツムシ

　しかし、わたしは虫たちの声を聞きながら、ときどき思うのです。かれらは鳴くために生まれてきたと。ひと晩中、鳴きつづけるエンマコオロギなどは、翅をすりつぶすだけでなく、その命をけずって鳴いているように感じられ、まさに鬼気迫るものがあります。

誘い鳴きするエンマコオロギ

虫の鳴き声の分類

音の高さによる分類

人の耳は、年齢とともに高い音から聞こえにくくなります。一般的に、20代後半で16キロヘルツから上がほぼ聞こえなくなり、60代では10キロヘルツから上が聞こえにくくなるといわれています。この本に登場する虫たちの鳴き声を、音声ソフトを使って、もっとも強い音の周波数をしらべ、音の聞こえにくさで鳴き声を分類しました。

◎ とても高く聞こえにくい声
（16キロヘルツ以上）

キリギリスのなかま…　ヒメギス(p.18)、コバネヒメギス(p.20)、クサキリ(p.22)、ヒメクサキリ(p.23)、ササキリ(p.27)、ホシササキリ(p.28)、ウスイロササキリ(p.29)、コバネササキリ(p.31)

ツユムシのなかま…　アシグロツユムシ(p.38)

◎ 高い音で聞こえにくい声
（10～15キロヘルツ）

キリギリスのなかま…　イブキヒメギス(p.19)、クビキリギス(p.26)、オナガササキリ(p.30)、ハヤシノウマオイ(p.32)、ハタケノウマオイ(p.33)

ツユムシのなかま…　エゾツユムシ(p.36)、セスジツユムシ(p.37)、ホソクビツユムシ(p.39)、サトクダマキモドキ(p.40)

バッタのなかま…　ヒナバッタ(p.79)、ヒロバネヒナバッタ(p.80)、ショウリョウバッタ(p.84)

セミのなかま…　チッチゼミ(p.97)

◎ やや高い音
（5,000～9,000ヘルツ）

キリギリスのなかま…　ヤブキリ(p.16)、ヒガシキリギリス(p.17)、カヤキリ(p.21)、オオクサキリ(p.24)、シブイロカヤキリ(p.25)

クツワムシのなかま…　クツワムシ(p.35)

コオロギのなかま…　タンボコオロギ(p.46)、ハラオカメコオロギ(p.47)、ミツカドコオロギ(p.50)、クマコオロギ(p.53)、カマドコオロギ(p.54)、クマスズムシ(p.55)

マツムシのなかま…　マツムシ(p.56)、アオマツムシ(p.57)

ヒバリモドキのなかま…　掲載全種(p.63～74)

バッタのなかま…　ナキイナゴ(p.78)、トノサマバッタ(p.81)、マダラバッタ(p.83)

セミのなかま…　ニイニイゼミ(p.96)、アカエゾゼミ(p.99)、コエゾゼミ(p.100)

鳴き方による分類

ずっと同じ調子で鳴きつづけるものから、間をあけて休み休み鳴くもの、ひと鳴きにいつも決まったパターンがあるものなど、鳴き方ごとに分類します。

◎ リズミカルな音…「ビ、ビ、ビ…」のように、リズムをきざむように鳴くもの

 キリギリスのなかま…
ササキリ(p.27)、ホシササキリ(p.28)、オナガササキリ(p.30)、コバネササキリ(p.31)、ハヤシノウマオイ(p.32)、ハタケノウマオイ(p.33)

 コオロギのなかま…
エゾエンマコオロギ(p.44)、エンマコオロギ(p.45)、ハラオカメコオロギ(p.47)、タンボオカメコオロギ(p.48)、モリオカメコオロギ(p.49)、ミツカドコオロギ(p.50)

 マツムシのなかま…
アオマツムシ(p.57)、スズムシ(p.58)、ヒロバネカンタン(p.60)

 ヒバリモドキのなかま…
ヤマトヒバリ(p.64)、キンヒバリ(p.65)、エゾスズ(p.67)、ハマスズ(p.69)、マダラスズ(p.73)

 セミのなかま…
チッチゼミ(p.97)

◎ パターン…ひと鳴きごとにパターンが決まっているもの。鳴きおわるとしばらく間をあける

 ツユムシのなかま…
エゾツユムシ(p.36)、セスジツユムシ(p.37)、ホソクビツユムシ(p.39)

 コオロギのなかま…
クマスズムシ(p.55)

 バッタのなかま…
ヒロバネヒナバッタ(p.80)

 セミのなかま…
クマゼミ(p.89)、ミンミンゼミ(p.91)、ヒグラシ(p.92)、ハルゼミ(p.93)、エゾハルゼミ(p.94)、ヒメハルゼミ(p.95)、ツクツクボウシ(p.101)

◎ 連続音…「ビーー」「ジーー」「キチキチ…」のように、同じ調子で鳴きつづけるもの

 キリギリスのなかま…
ヤブキリ(p.16)、コバネヒメギス(p.20)、カヤキリ(p.21)、クサキリ(p.22)、ヒメクサキリ(p.23)、オオクサキリ(p.24)、シブイロカヤキリ(p.25)、クビキリギス(p.26)、ウスイロササキリ(p.29)

 クツワムシのなかま…
クツワムシ(p.35)

 コオロギのなかま…
タンボコオロギ(p.46)、ツヅレサセコオロギ(p.51)、カマドコオロギ(p.54)

 マツムシのなかま…
カンタン(p.59)

 ケラのなかま…
ケラ(p.62)

 ヒバリモドキのなかま…
クサヒバリ(p.66)、カワラスズ(p.70)、シバスズ(p.71)、ヒゲシロスズ(p.72)

 セミのなかま…
アブラゼミ(p.88)、スジアカクマゼミ(p.90)、ニイニイゼミ(p.96)、エゾゼミ(p.98)、アカエゾゼミ(p.99)、コエゾゼミ(p.100)

◎ 間隔をあける…ひと鳴きごとに少し間隔をあけて鳴くもの

 キリギリスのなかま…
ヒガシキリギリス(p.17)、ヒメギス(p.18)、イブキヒメギス(p.19)

 コオロギのなかま…
コガタコオロギ(p.52)、クマコオロギ(p.53)

 マツムシのなかま…
マツムシ(p.56)、クチキコオロギ(p.61)

 ヒバリモドキのなかま…
ヤチスズ(p.68)

 バッタのなかま…
ナキイナゴ(p.78)、ヒナバッタ(p.79)

鳴く時間による分類

昼に鳴くか夜に鳴くかは、種類によって決まっています。季節が変わると例外的な鳴き方をするものもいます。セミはすべての種が日中に鳴きますが、おもに午前に鳴くもの、午後に鳴くものにわけられます（筆者が未確認の情報はのぞきました）。

◎ 昼に鳴く

キリギリスのなかま… イブキヒメギス(p.19)、ササキリ(p.27)、ホシササキリ(p.28)、コバネササキリ(p.31)

ツユムシのなかま… アシグロツユムシ(p.38)、ホソクビツユムシ(p.39)

バッタのなかま… 掲載全種(p.78〜84)

◎ 昼も夜も鳴く

キリギリスのなかま… ヤブキリ(p.16)、ヒガシキリギリス(p.17)、ヒメギス(p.18)、コバネヒメギス(p.20)、ウスイロササキリ(p.29)、オナガササキリ(p.30)

コオロギのなかま… エンマコオロギ(p.45)、ハラオカメコオロギ(p.47)、タンボオカメコオロギ(p.48)、モリオカメコオロギ(p.49)、ミツカドコオロギ(p.50)、ツヅレサセコオロギ(p.51)、クマコオロギ(p.53)

マツムシのなかま… スズムシ(p.58)、カンタン(p.59)

ケラのなかま… ケラ(p.62)

ヒバリモドキのなかま… ヤマトヒバリ(p.64)、キンヒバリ(p.65)、クサヒバリ(p.66)、エゾスズ(p.67)、ヤチスズ(p.68)、カワラスズ(p.70)、シバスズ(p.71)、ヒゲシロスズ(p.72)、マダラスズ(p.73)

カネタタキのなかま… カネタタキ(p.74)

◎ 夜に鳴く

キリギリスのなかま… カヤキリ(p.21)、クサキリ(p.22)、ヒメクサキリ(p.23)、オオクサキリ(p.24)、シブイロカヤキリ(p.25)、クビキリギス(p.26)、ハヤシノウマオイ(p.32)、ハタケノウマオイ(p.33)

クツワムシのなかま… クツワムシ(p.35)

ツユムシのなかま… エゾツユムシ(p.36)、セスジツユムシ(p.37)、サトクダマキモドキ(p.40)

コオロギのなかま… エゾエンマコオロギ(p.44)、コガタコオロギ(p.52)、カマドコオロギ(p.54)、クマスズムシ(p.55)

マツムシのなかま… マツムシ(p.56)、アオマツムシ(p.57)、ヒロバネカンタン(p.60)、クチキコオロギ(p.61)

ヒバリモドキのなかま… ハマスズ(p.69)

セミのなかまの鳴く時間

◎ **おもに午前中に鳴く…**
クマゼミ(p.89)、ミンミンゼミ(p.91)、アカエゾゼミ(p.99)

◎ **おもに午後から夕方に鳴く…**
アブラゼミ(p.88)、ヒメハルゼミ(p.95)

◎ **日中ずっと鳴く…**
スジアカクマゼミ(p.90)、ヒグラシ(p.92)、ハルゼミ(p.93)、エゾハルゼミ(p.94)、ニイニイゼミ(p.96)、チッチゼミ(p.97)、エゾゼミ(p.98)、コエゾゼミ(p.100)、ツクツクボウシ(p.101)

声の聞こえる高さよる分類

　鳴き声の聞こえる高さから、声の主をおおよそしぼることができます。地表付近だけにくらし、けっして高いところにのぼって鳴かない種類もいます。

◎ 高いところ…（樹上・3m以上）

	キリギリスのなかま…	ヤブキリ(p.16)、クビキリギス(p.26)、ホソクビツユムシ(p.39)
	マツムシのなかま…	アオマツムシ(p.57)、クチキコオロギ(p.61)
	カネタタキのなかま…	カネタタキ(p.74)
	セミのなかま…	掲載全種(p.88〜101)

◎ やや高いところ…（樹上・ヨシ・ススキなど・2〜3m）

	キリギリスのなかま…	ヤブキリ(p.16)、カヤキリ(p.21)、オオクサキリ(p.24)、クビキリギス(p.26)、オナガササキリ(p.30)、ホソクビツユムシ(p.39)、ハヤシノウマオイ(p.32)、ハタケノウマオイ(p.33)
	ツユムシのなかま…	セスジツユムシ(p.37)、アシグロツユムシ(p.38)、ホソクビツユムシ(p.39)、サトクダマキモドキ(p.40)
	マツムシのなかま…	アオマツムシ(p.57)、クチキコオロギ(p.61)
	ヒバリモドキのなかま…	キンヒバリ(p.65)、クサヒバリ(p.66)
	カネタタキのなかま…	カネタタキ(p.74)
	セミのなかま…	掲載全種(p.88〜101)

◎ 低いところ…（樹上・草地・地表〜1m）

	キリギリスのなかま…	ヤブキリ(p.16)、ヒガシキリギリス(p.17)、ヒメギス(p.18)、イブキヒメギス(p.19)、コバネヒメギス(p.20)、クサキリ(p.22)、ヒメクサキリ(p.23)、シブイロカヤキリ(p.25)、クビキリギス(p.26)、ホシササキリ(p.28)、ウスイロササキリ(p.29)、オナガササキリ(p.30)、コバネササキリ(p.31)、ハヤシノウマオイ(p.32)、ハタケノウマオイ(p.33)
	クツワムシのなかま…	クツワムシ(p.35)
	ツユムシのなかま…	エゾツユムシ(p.36)、セスジツユムシ(37)、アシグロツユムシ(p.38)
	マツムシのなかま…	掲載全種(p.56〜61)
	ヒバリモドキのなかま…	ヤマトヒバリ(64)、キンヒバリ(p.65)、クサヒバリ(p.66)
	カネタタキのなかま…	カネタタキ(p.74)
	バッタのなかま…	ナキイナゴ(p.78)、ヒロバネヒナバッタ(p.80)、トノサマバッタ(p.81)、ショウリョウバッタ(p.84)
	セミのなかま…	まれに低いところで鳴くこともある(p.88〜101)

◎ 地表付近のみ

	コオロギのなかま…	カマドコオロギをのぞく全種(p.44〜55)
	ケラのなかま…	ケラ(p.62)
	ヒバリモドキのなかま…	エゾスズ(p.67)、ヤチスズ(p.68)、ハマスズ(p.69)、カワラスズ(p.70)、シバスズ(p.71)、ヒゲシロスズ(p.72)、マダラスズ(p.73)
	バッタのなかま…	ヒナバッタ(p.79)、ヒロバネヒナバッタ(p.80)、カワラバッタ(p.82)、マダラバッタ(p.83)

この本の使い方

この本は、出会いの多い虫の鳴き声について解説しました。
本を読みながら付属のCDに収録された音声を聞き、虫の鳴き声を学ぶことができます。
虫の声は、季節や地方、あるいは状況によって変わります。
そのため、載っているのは75種類ですが、
180以上の鳴き声のバリエーションを収録しました。

❶ **科名・種名・学名・漢字名**：分類、和名、学名は、なるべく最新の情報にしたがい、漢字名は一般的なものを記載しました。

❷ **解説**：🅰頭の先から腹端までの、おおよその体長を表記しました。触覚や翅、産卵管はふくまれません。🅱日本国内のおおよその分布を記載しました。🅲生息地の環境をできるだけ簡単にわかりやすく記載しました。

❸ **写真**：野外で鳴いている写真を優先に選びました。

❹ **鳴き声について**：それぞれの鳴き方についての解説と、録音時の使用マイクについて紹介しました。解説内の番号は、付属のCDに収録されている昆虫の声と対応しています。

❺ **もっと知りたい！**：鳴き声や虫についてのエピソードを紹介しました。

付属の
パソコン用CDについて

- このCDはコンピュータによる書き込み形式です。再生される機器等によっては、再生できない場合があります。
- 一般のオーディオプレーヤーでは絶対に再生しないでください。
- このCDは、個人的な範囲を越える使用目的で複製すること、インターネット上のネットワーク配信サイト等へ配布、またネットラジオ局等へ配布することを禁止します。
- このCDは、図書館等での非営利無料の貸し出しに利用することができます。利用者から料金を徴収する場合は、著作権者の許諾が必要です。

【対応 OS】　Windows 7/8.1/10以上
　　　　　　OS X 10.7 以上/mac OS Sierra以上
※Microsoft Windows XP/Vistaには対応しておりません。
※各OSの最新ブラウザにアップグレードしてお使いください。

【推奨ブラウザ】　Windows：Internet Explorer 11以上
　　　　　　　　Mac：Safari 10以上

ようこそ、鳴く虫の世界へ。

毎年、くり返される
季節の草花との出会いのように、
鳴く虫たちとの出会いもまた、
心を豊かにしてくれるでしょう。

夏の夜、
ヒロバネカンタンの声は
耳に心地よく響く

キリギリスの発音のしくみ

　キリギリスやツユムシのなかまは、基本的に鳴くのはオス。発音器官は、左右の前翅の重なった部分にあり、外からは見えません。左前翅の裏側には細かい突起が1列にならぶヤスリ器が、右前翅のへりにはかたい爪のようなコスリ器があり、鳴き声の元となる摩擦音をつくります。さらに左前翅にある発音鏡とよばれる透明な膜が、スピーカーの役目をします。

　静止状態では、左翅が上、右翅が下にたたまれていますが、鳴くときは少し翅を浮かせて、ヤスリ器とコスリ器がセットされます。翅を左右にこまかく往復させると、ヤスリ器とコスリ器がすれ合って摩擦音がつくられ、この摩擦音に発音鏡が共鳴して大きく振動し、遠くまでとどく大きな音をつくります。

　キリギリスのなかまの鳴き声は、人の可聴域をこえた超音波域の音を強く出すものが多く、人によって音色がちがって聞こえる場合があります。

キリギリスのヤスリ器。オスの左前翅の裏側にある

静止状態のキリギリスのオス

チョン・ギーー

左右の前翅をこすり合わせて鳴く。右前翅に丸い発音鏡が見える

大音量の高周波で鳴くカヤキリ。わずかにヤスリ器とコスリ器がすれ合っているのが見える

ギーン

日だまりで静かに鳴くササキリ。発音鏡が強くかがやいて見える

ジキジキ…

発音のしくみをもたないキリギリスのメス

スィーーッ、チョン

鳴いているハヤシノウマオイ。右前翅に丸い発音鏡が見える

バッタ目 キリギリス科
ヤブキリ [藪螽蟖]
Tettigonia orientalis

草むらで鳴くオス

大 約50mm。**分** 北海道〜九州。**生** 6〜10月に活動する。樹上、林縁の草地、草原などさまざまな環境に見られる。鳴き声は地方によってさまざまあり、まるで別種に思えるほどちがいがある。じつはまだ分類が確定していない。おもに夜に鳴くが、秋は昼に鳴くことも多い。**声** ①高速道路わきの植え込みでステレオ録音。「シリシリシリ・・・」と長くのばす鳴き方だ。②木の高いところで鳴いている1匹の声をステレオ録音。北海道・東北地方のヤブキリは、「シリリリ、シリリリ・・・」のように、数秒ごとに短く区切ったような鳴き方が多いようだ。

もっと知りたい!

水銀灯の下でガを食べていた

ヤブキリは肉食性の強い虫です。生きた虫をおそってバリバリと食べます。夜にライトをつけて虫を探していると、ヤブキリの捕食シーンに出あうことがあります。樹液の虫を探している先で樹液をなめる大きなガを食べていたり、またあるときは街灯に集まる虫を探している先で甲虫をかじっていたり、虫が集まる場所をちゃんと知っていて、獲物を待ち構えているようです。

バッタ目 キリギリス科

ヒガシキリギリス ［東螽蟖］
Gampsocleis mikado

ひだまりに出て日光浴するオス

大 約40mm。**分** 本州（近畿以北）。**生** 7〜9月に活動する。平地から山地まで広く見られるが、明るく開けた草地に限られる。真夏の強い日差しのなかで活発に鳴いているが、生い茂る草の根元にいることが多く、姿は見にくい。夜間も気温が高いと、ややテンポを変えて鳴く。**声** ①1匹の声をガンマイクで集音。「**チョン・ギーー**」と大きな音でくり返し鳴くが、「**チョン**」はたまに入る程度。②人家近くの草地で数匹が鳴き交わす様子をステレオ録音。③夜の鳴き交わしをステレオ録音。遠くでカンタン（p.59）も鳴いている。

もっと知りたい！

産卵中のメス。夜も活発に活動する

童謡「むしのこえ」の2番の冒頭は、「きりきりきりきり こおろぎや」ではじまりますが、もともとはコオロギではなくキリギリスでした。変更の理由には諸説あり、キリギリスは昼に鳴き、秋の夜長に鳴く虫ではないという意見もあったようです。でも、キリギリスは夜も鳴きますし、その声はまさしく「キリキリ・・・」。そもそもコオロギの声が「キリキリ・・・」なのも違和感があります。

バッタ目 キリギリス科

ヒメギス [姫螽蟖]
Eobiana engelhardti

バッタ目 キリギリスのなかま

鳴きながら草間を歩くオス

背面が褐色のオス

大 約25mm。**分** 北海道〜九州。**生** 6〜10月に活動する。平地から山地まで広く見られ、湿った草地を好む。背面は緑色、または褐色。胸部側面に白い帯がある。昼に活発に活動し、晴れてもくもってもよく鳴く。気温が高めなら夜も鳴く。**声** ①1匹の声をガンマイクで集音。「シリリ・・・」と1〜2秒の短い鳴きをくり返す。②休耕田で鳴いている様子をステレオ録音。まわりではエゾスズ（p.67）もたくさん鳴いている。③夜の声をガンマイクで集音。テンポが遅くなり、やや「キリキリ・・・」という音色を感じる。

もっと知りたい！

ヒメギスは、卵越冬のバッタ目の昆虫ではもっとも早くふ化するので、ほかに先駆けて成虫となり、6月中に鳴きはじめます。梅雨のまっただなか、田んぼの稲は落ち着き、山の木々や草原の緑はみずみずしく、夏の主役となる昆虫も姿を見せはじめます。同じころに初鳴きとなるニイニイゼミ（p.96）の声とともに、ひと足早く夏の気分を盛り上げてくれる季節の風物詩です。

バッタ目 キリギリス科

イブキヒメギス ［伊吹姫螽蟖］
Eobiana japonica

バッタ目 **キリギリス**のなかま

ヒメギスとちがって胸の側面に白い帯がない

大 約25mm。 **分** 北海道、本州。 **生** 7～8月に活動する。本州では山地に見られ、湿地や沢沿いの草地に暮らす。褐色型だけでなく緑色型もいる。午前中の早い時間は、日光浴しながら鳴く姿を見つけやすい。
声 ①1匹の声をガンマイクで集音。ヒメギスとはまったくちがった「**チリッ・チリッ**」と短く区切った声で鳴く。オナガササキリ（p.30）の鳴き声にやや似ている。②ヒメギスの声に混じって聞こえるイブキヒメギスの声（7～12秒付近）。「**ザッ、ザッ、ザッ・・・**」と少し鳴いて、やぶの奥にかくれてしまった。

もっと知りたい！

鳴きながらメスに近づくオス（右）

ヒメギスは、平地から山地まで広く生息するので、山あいにすむイブキヒメギスとも、よく同じ場所に暮らしています。外見はよく似ていますが、鳴き声はまったくちがいます。ヒメギスの声が1～2秒ほど長くのばす音なのに対して、イブキヒメギスは短く区切った音です。じつはヒメギスのなかまは、短く区切るような鳴き声の種がほとんどで、ヒメギスの長くのばす音はむしろ例外です。

バッタ目 キリギリス科

コバネヒメギス [小翅姫螽蟖]
Chizuella bonneti

葉上にやすむメス。まるで幼虫のように短い翅だが、これで立派な成虫だ

大 約25mm。 **分** 北海道〜九州。 **生** 6〜9月に活動する。ヒメギス（p.18）によく似ているが、オス・メスともに極端に翅が短いのが特徴。腹部下側は黄色い。川の土手など乾燥した草地に多く見られる。鳴き声は非常に高く、音量も低めで、野外では気づきにくい。昼だけでなく夜も鳴く。**声** ①1匹の声をパラボラマイクで集音。「**チリ、チリ、・・・**」と規則正しくリズムを刻んでいる。②夜間、キリギリス（p.17）とともに鳴いている。「**プツ、プツ、・・・**」と連続的な音が、約0.5秒間隔でずっとつづいている。ステレオ録音。

もっと知りたい！

野外でよく見る昆虫ですが、鳴き声は気づきにくい部類に入ります。高音域が強いため、わたしの耳にはほとんど聞こえません。録音できたのは、まだ数えるほどしかなく、まず翅をふるわせて鳴く姿を目にして、それから録音機をセットし、マイクをとおしてやっと音を確認しました。夜の鳴き声は、キリギリスの録音を確認していて、偶然、記録されているのに気づいたものです。

こんな短い翅で発音できるのはおどろきだ

20

バッタ目 キリギリス科

カヤキリ［萱螽蟖・茅螽蟖］
Pseudorhynchus japonicus

バッタ目 **キリギリス**のなかま

ヨシに下向きにとまって鳴くオス。
オス・メスともに後脚が短い

大 約65mm。 **分** 本州〜九州。 **生** 7〜9月に活動する。体も大きいが鳴き声も最大級。日中は、草の低いところにひそんでいて、暗くなると、ススキやヨシなどの高いところにのぼって鳴く。おもに夜行性だが、夏の盛りには、明るい時間から鳴くこともある。 **声** ①「ギーン」とよくとおる大きな声で鳴く。2mほどの距離に接近してステレオ録音。ときどき高音域に「ビリビリ」とかすれるような音が混じる。②国道近くの草地で鳴く1匹に、少し離れてステレオ録音。音が微妙にゆれるのは、カヤキリが歩きながら鳴いているため。

もっと知りたい！

カヤキリの声は、ほかにはない大音量・高周波で、もはや音を楽しむレベルではありません。はじめて声を聞いたとき、まさか虫がこんな大きな音を出すとは考えられず、近くの送電設備がこわれてノイズを出していると思ったほどです。でも、そんな騒音レベルの声を聞くのは年に数回のこと。毎年、出あうのを楽しみにしています。

長い産卵管が目立つメス

21

バッタ目 キリギリス科

クサキリ ［草螽蟖］
Ruspolia lineosa

バッタ目 キリギリスのなかま

緑色型のオス。脚の脛節が黒いのが特徴

大 約35mm。 **分** 本州〜九州。 **生** 8〜10月に活動する。やや湿った丈の低い草地を好み、河川敷の土手など明るく開けた場所に見られる。ヒメクサキリ（p.23）に似るが、頭頂部はやや丸みがあり、脚の脛の部分が黒いので区別できる。緑色型と褐色型がある。高いところにはのぼらず、ほぼ地表付近ですごし、おもに夜に鳴く。**声** ①1匹の声をガンマイクで集音。「ジー」と1分ほど連続して鳴く。ヒメクサキリとくらべて、やや高い鳴き声だ。序奏はなく、突然はじまる。音量は大きいが高い音のため、はなれると聞こえにくくなる。

もっと知りたい！

オヒシバの花を食べる褐色型のメス

クサキリのなかまは、イネ科植物の花が大好物です。剪定ばさみのようなするどい大あごで、長い花穂から1個ずつかじりとって、ムシャムシャと食べます。昼は草間にじっと休んでいて、夜になると活発に歩きまわって地表付近の草の実を探すようです。とくに日没の1〜2時間後は、ライトの先に、実を食べている姿がよく見られます。

バッタ目 キリギリス科

ヒメクサキリ ［姫草螽蟖］
Ruspolia dubia

バッタ目 キリギリスのなかま

農道脇の草地で鳴くオス

大 約35mm。 **分** 北海道〜九州。 **生** 8〜9月に活動する。クサキリ（p.21）とくらべると繊細な印象があり、頭頂部がとがって見える。寒冷地ではヒメクサキリのみで、クサキリは見られない。あまり高いところにはのぼらず、草の込み入ったなかで鳴くことが多い。緑色型と褐色型がある。おもに夜に鳴くが、昼に鳴くこともある。**声** ①1匹の声をガンマイクで集音。「ジッ・ジッ」という序奏の後に、「ジー」と連続的な本鳴きに移るのが特徴。②農道脇で鳴く様子をステレオ録音。自分の運転する車から鳴き声がよく聞こえ、車をとめて録音した。

もっと知りたい！

クロアナバチに捕らえられたオス

大型のカリバチにクロアナバチというハチがいて、おもにクサキリやツユムシのなかまを捕らえます。そして針を刺して動けなくしてから、地中の巣穴に運び、幼虫のエサとします。草にそっくりで見つけにくいヒメクサキリも、クロアナバチには丸見えのようです。巣穴の前で観察していて、30分間に2匹のヒメクサキリを運び込むのを見たことがあります。

バッタ目 キリギリス科
オオクサキリ［大草螽蟖］
Ruspolia sp.

ヨシにのぼって鳴くオス

大 約45mm。 **分** 関東平野・新潟平野・九州北部地方に局所的に分布。 **生** クサキリ（p.22）やヒメクサキリ（p.23）に似るが、ずっと大きい。緑色型と褐色型がある。7〜9月に活動し、ヨシ原など湿地に広がる草地のまわりに見られる。鳴くのは夜だけ。 **声** ①1匹の声をガンマイクで集音。「**シキシキ・・・**」とよくとおる大きな音で鳴く。このときは2mくらいの高さにのぼって鳴いていた。②スズムシ（p.58）やマツムシ（p.56）とともに秋の夜に鳴く様子をステレオ録音。「**シキシキシキ・・・**」と聞こえる声は音量が大きく、走行中の車からもよく聞こえる。

もっと知りたい！

オオクサキリは、生息地が限られた希少種です。いかにも見つけにくそうですが、ねらい目は古くからつづくヨシ原。日中は下草で休んでいて発見はむずかしいので、夜にその鳴き声に気がつけば、そこから先は簡単です。ヒメクサキリやクサキリが地表近くで鳴くのに対し、オオクサキリは目の高さくらいの目立つところで鳴くことが多く、声をたよりに探せば、すぐに見つかります。

透明感のあるうつくしい緑色型のオス

バッタ目 キリギリス科

シブイロカヤキリ[渋色萱蟋斯]
Xestophrys javanicus

バッタ目 **キリギリス**のなかま

ススキの原で鳴くオス。顔は黒く上唇の黄色が目立つ

大 約40mm。**分** 本州（関東以西）～九州。**生** 成虫越冬し、4月くらいから鳴きはじめる。おもに夜に鳴くが、昼のうちから声を聞くこともある。ススキやヨシ原をはじめ、開けた草地に広く見られる。**声** ①1匹の声をガンマイクで集音。「ジーーー」と、高く大きな音で耳が痛くなりそうな鳴き声。同じ時期に鳴くクビキリギス（p.26）より低く、ざらついた音に聞こえる。②5mほど離れた場所で録音したが、音量が大きいため、近くで録音したように聞こえる。遠くの田んぼには水が入って、アマガエルの合唱がはじまっていた。ステレオ録音。

もっと知りたい！

翅をひろげて威嚇のポーズをとるオス

シブイロカヤキリの鳴く姿を撮ろうと、ライトを当てて近づくと、目の前で不思議なポーズをとりました。脚をのばし、翅をだらしなくひろげてふるえています。発音するわけでもなく、そのままの姿勢で数分たってもやめないので、撮影をあきらめました。調べてみると、威嚇のポーズだったようです。クビキリギス（p.26）でもカヤキリ（p.21）でも、こんな奇妙なポーズは見たことがありません。

25

バッタ目 キリギリス科
クビキリギス [首切螽蟖]
Euconocephalus varius

土手の草地で鳴くオス

大 約30mm。 **分** 北海道〜九州。 **生** 成虫越冬し、春4月から〜7月まで鳴き声が聞かれる。緑色型と褐色型がある。草地に広く見られ、人家近くにも多い。ふつうは低いところで鳴くが、高い木の上にのぼって鳴くこともある。名前には、一度かみつくと首がちぎれてもはなれない、という少々残酷な意味がある。気温の高い夜に鳴く。
声 ①1匹の声をガンマイクで集音。「ジーーー」と、高く大きく響く音でえんえんと鳴きつづける。②田んぼ近くの植え込みで鳴く。田んぼでは、アマガエルがにぎやかに合唱していた。ステレオ録音。

もっと知りたい！

口のまわりが赤いのが特徴

山形県はクビキリギスの分布域に入っていますが、めったに見ることはありません。鳴き声も、10年ほどの間に数回しか聞いたことがありません。東北の春は、夜の気温がすぐに下がり、20度をこえるのは梅雨に入ってからになります。越冬明けのクビキリギスにとって、鳴きたくても鳴けない肌寒い夜がつづきます。少なからず生息しているとしても、鳴く機会は少ないと思います。

バッタ目 キリギリス科

ササキリ ［笹螽蟖・笹切］
Conocephalus melaenus

バッタ目 キリギリスのなかま

葉上に出て鳴くオス

大 約20mm。 **分** 本州〜東南アジア。
生 8〜11月に活動する。光沢のある緑色の小さなキリギリス。林縁の下草、ササやぶなどに見られ、やや陰った場所で鳴いている。葉や枝にとまって鳴く姿はわりと見つけやすい。昼によく鳴くが、夜も鳴くらしい。**声** ①1匹の声をガンマイクで集音。「ジキジキ・・・」と高く連続的な声で鳴く。ほかのササキリ類同様、高音域が強い音なので、年齢によって聞こえ方にちがいがあると思う。聞こえにくい人は、生の音はもっと聞き取りにくい。②住宅地に隣接したササやぶで鳴く1匹に近づき、ステレオ録音。

もっと知りたい！

赤と黒でよく目立つ若齢幼虫

ササキリの幼虫は、赤と黒でよく目立ちます。この赤黒のツートン模様は「まずい虫」の象徴で、体内に毒をもつ多くの昆虫がこの配色です。鳥などの天敵はそのことをよく知っており、そうした虫を避けます。おもしろいのは、無毒なのに毒虫に似た配色の「ちゃっかりもの」が少なからずいることです。ササキリもその1つです。

バッタ目 キリギリスのなかま

バッタ目 キリギリス科

ホシササキリ [星笹螽斯]
Conocephalus maculatus

翅に黒い点が並んで見えるところからこの名がある

大 約15mm。 **分** 本州〜九州。 **生** 8〜10月に活動する。温暖な地方では年二化で、寒冷地では年一化。低い草地の広がる環境を好み、よく手入れされた芝草の公園にも多い。高い草にはのぼらず、地表近く、低い草にとまっていることが多い。おどろくと翅を使って遠くまでよく飛ぶ。昼によく鳴くが、夜も鳴くようだ。 **声** ①1匹の声をガンマイクで集音。「**シシシシ・・・、シシシシ・・・**」と4〜5秒ずつ区切って鳴く。②エンマコオロギ（p.45）などと昼の広場で鳴く。ステレオ録音。右手の、マイクに近いところに1匹いる。

もっと知りたい！

夜、ヒメムカシヨモギの花をかじるメス

ホシササキリの鳴き声は、20キロヘルツを超える高音域が強いので、わたしの耳には若いころから聞こえず、ずっと存在に気づいていませんでした。けれど、身近にいることを知って、いままでに撮影した写真を調べてみると、夜間の撮影で何度か撮っていることがわかりました。夜間のササキリ類は、よく小さな花を食べており、鳴き声に関係なく撮影していたのです。

バッタ目 キリギリス科

ウスイロササキリ[薄色笹螽斯]
Conocephalus chinensis

バッタ目 キリギリスのなかま

草にとまって鳴くオス

大 約20mm。 **分** 本州〜九州。 **生** 8〜10月に活動する。イネ科植物の多い明るい草原によく見られ、田んぼにも多いが、あまり草の高いところにはいない。全体に細身で華奢な感じがする。昼も夜も鳴く。**声** ①1匹に接近してステレオ録音。高音域の強い音で、「チーーーー、チーーーー」と4〜5秒ずつ区切って鳴いている。時には10秒以上つづくこともある。②夜の声をガンマイクで集音。テンポが遅くなって「シリリリ・・・」と聞こえるが、大きな変化はないようだ。③稲刈り前の田んぼでの鳴き交わしをステレオ録音。

もっと知りたい！

草に体をぴったりつけて擬態する

ウスイロササキリは、かくれんぼが得意な昆虫です。薄い緑色の体はまわりの草にそっくりで、ぴったり張りつくことで完璧なまでにまわりにとけ込みます。さらに、危険がせまると草の反対側にススッとまわり込み、もっとよくかくれようとします。ササキリのなかまは、みなこのような性格ですが、ウスイロササキリは特別、慎重に思えます。

バッタ目 キリギリス科

オナガササキリ ［尾長笹螽斯］
Conocephalus gladiatus

ススキに逆さにとまって鳴くオス

大 約25mm。**分** 本州〜南西諸島。**生** 8〜10月に活動する。ササキリ類のなかではもっともふつうに見られる。イネ科植物の多い明るい草地にすみ、田んぼにも多い。名前の由来は、メスの長い産卵管から。昼によく鳴くが、夜も鳴いている。**声** ①1匹の声をガンマイクで集音。「**サッ・サッ・サッ・・・**」と連続的に鳴きつづける。②日中、キリギリス（p.17）などとともに草地で鳴く。どこかチッチゼミ（p.97）の鳴き声に似た響きを感じる。ステレオ録音。③夜の鳴き声は「**シリリ、シリリ・・・**」と、まったく別種のようだ。ステレオ録音。

もっと知りたい！

夜間、メヒシバの花穂を食べるメス

オナガササキリは、昼に活発に鳴く印象が強いですが、夜もよく見かけます。草にのぼって茎先の穂を食べたり、昼のように鳴く姿を見ます。昼より夜のほうがよく見るほどで、いったい彼らはいつ寝ているのだろうと思います。また、おどろかされるのは夜の鳴き声です。まるで別の虫のような声で、ライトをつけて姿をちゃんと確認しないと、とんだまちがいをしてしまいそうです。

バッタ目 キリギリス科
コバネササキリ [小翅笹螽斯]
Conocephalus japonicus

バッタ目 **キリギリス**のなかま

名前のとおり翅は短く、腹端に届かない

大 約15mm。 **分** 北海道〜九州。 **生** 8〜10月に活動する。湿地に広がる草地にすむが、生息地は局所的。あまり草の高いところにはのぼらない。メスはオナガササキリのように長い産卵管をもつ。 **声** ①1匹の声をガンマイクで集音。「**チチチ・・・**」と数秒鳴き、ひと呼吸おいて数秒鳴く、をくり返す。可聴域を超えた高音域が強く、聞こえ方に個人差が大きいと思われる。②1匹に接近してステレオ録音。音量は適正レベルに調整したつもりだが、じつのところ、わたしの耳にはほとんど聞こえない。とても高い音が入っているが、うるさくないだろうか。

もっと知りたい！

最近、耳に自信がなくなってきたわたしには、コバネササキリはとても手強い相手。音の高さもさることながら、音量も小さく感じられます。しかし、録音データを調べてみると、30キロヘルツをこえる高い音が多く含まれていることに気づきます。もしかしたら、自分のレコーダーやマイクではとらえることのできない超高周波の音が、まだまだかくれているのかもしれません。

葉裏に逆さに止まって鳴くオス

バッタ目 キリギリス科

ハヤシノウマオイ [林の馬追]
Hexacentrus japonicus

やぶの奥で鳴くオス

大 約25mm。 **分** 本州〜九州。 **生** 7〜10月に活動する。名前が示すように林縁に多く、やや薄暗い環境を好む。公園や人家の庭にも多い。夜に鳴く。 **声** ①1匹に近づいてステレオ録音。「スイーーッ、チョン」と表現される独特の鳴き声は、気温によってテンポが変わる。録音時の気温は23度。②熱帯夜ではハイテンポな声になる。ガンマイクで集音。録音時の気温は28度。③秋が深まったころにたまに聞く声は、スローテンポで別の虫の声のようだ。テンポが下がると音は低くなり、聞こえやすくなる。録音時の気温は17度。ステレオ録音。

もっと知りたい！

やぶの奥に入っていくオス

ハヤシノウマオイの鳴く姿の撮影には、いつも苦労します。鳴き声をたよりに探すのですが、下草の込み入ったところにいるので、これがむずかしい。やっと見つけても、カメラを構えるころには鳴きやんでしまうことも多く、鳴きやむとはなれた場所に飛び去ってしまいます。ほかの鳴く虫なら、いったん鳴きやんでもライトを消して待っていれば、また鳴きはじめるものもあるのに……。

バッタ目 キリギリス科

ハタケノウマオイ［畑の馬追］
Hexacentrus unicolor

バッタ目 **キリギリスのなかま**

畑近くの草間で鳴くオス

大 約25mm。**分** 本州〜九州。**生** 8〜10月に活動する。おもに平野部の明るい草地を好み、河川の土手や畑のまわりに多い。ハヤシノウマオイに非常によく似ているが、鳴き声は明らかにちがい、大きな区別点となる。おもに夜に鳴く。**声** ①1匹の声をガンマイクで集音。「**シッ、チョ、シッ、チョ・・・**」と短く区切るように鳴く。②田んぼにかこまれた草地に集中して鳴いていた。やや離れたところから聞く声は、「**シッ**」の音がより強く聞こえる印象だ。エンマコオロギ（p.45）やツチガエルの声も聞こえる。ステレオ録音。

もっと知りたい！

ハタケノウマオイの鳴き声は「しい」とも聞こえる

「ウマオイ」の名前の由来は、古い時代の「馬追い声」と呼ばれる、馬を追い進めるときのかけ声に似ているところからと言われています。実際にどんなかけ声だったか、いまとなっては不明ですが、いろいろ調べてみると、浄瑠璃の丹波与作のなかに「しいという馬追い声も聞かぬわいの」という台詞があるそうです。ここにヒントがありそうです。

コラム① 音集めの技法 録音機編

　現在、市販されている録音機は、サンプリング周波数96キロヘルツ、量子化ビット24ビットが主流で、CDをはるかに超える高音質で記録できます。「虫の声を録音するのに、そんなハイスペックな録音機がいるの？」と思われるかもしれませんが、高音域の豊富な虫の声こそ、以前はとても高価な録音機が必要とされました。ところが、いまのレコーダーは1万円前後の小さな機種でも十分なスペックを持っています。ちなみに高音域は、サンプリング周波数96キロヘルツの録音機なら48キロヘルツまで記録できます。これは、人の耳の限界、20キロヘルツ以上の高い音も余裕で収録できるということです。

　録音機には高性能なマイクが内蔵されていて、単体でも十分な音で録れますが、外部マイクが使えるとさらに音の幅が広がります。録音機を選ぶときは、外部マイクに対応しているかもチェックしましょう。

　録音時はヘッドフォン、またはイヤフォンが必須です。目的の音がクリアに入っているか、左右のバランスはよいか、音はひずんでいないか、余計なノイズが入っていないか、かならず録音中の音を試聴しましょう。ヘッドフォンなしに録音するのは、ファインダーや液晶画面を見ないで写真を撮るようなものです。

　録音時の入力レベルは、まちがってもオートレベル設定にしてはいけません。オートは、小さな音も大きな音も同じくらいの音量にしようと勝手に動かして不自然な音にしてしまいます。マニュアル設定で、レベルメーターがマイナス6デシベルを超えないように設定します。音源に近いほうがクリアな音が録れますが、近すぎてもダメです。かならずヘッドフォンで試聴しながら、最適な距離を決めて録音をはじめます。

野外ではマイクの吹かれ防止にウインドジャマー（風防）が必須だ

録音機は三脚などに固定したい。
手持ちだとハンドノイズが避けられない

録音機のレベルメーターは、マイナス12デシベル周辺にふれるよう調整する

バッタ目 クツワムシ科

クツワムシ [轡虫]
Mecopoda nipponensis

バッタ目 **クツワムシ**のなかま

緑色型のオス。クズの多い草原に多い

大 約50mm。 **分** 本州〜九州。 **生** 8〜9月に活動する。本州では関東以西の温暖な地方にすむ。林縁のクズが広がる草地に多い。緑色型と褐色型があり、その中間的なタイプがさまざま見られる。夜に鳴く。
声 ①1匹の声をガンマイクで集音。「**ガチャガチャ・・・**」と「**キュルルル・・・**」という2つの音を交互にくり返し、長く鳴きつづける。②数匹で鳴き交わしている様子をステレオ録音。「**ガチャガチャ・・・**」という声がからみ合ってわかりにくいが、マイクの近くで少なくとも3匹は鳴いていた。海岸近くのクズの茂る草原で、波の音も聞こえる。

もっと知りたい！

大音量で鳴く褐色型のオス

クツワムシを安易に持ち帰ってはいけません。いうまでもなく、声が大きすぎるからです。不思議なもので、鳴く虫を家に持ち帰って鳴かせてみると、たいていは、こんなに大きな音だったかとおどろかされます。とくに、ご近所が近い現代の住宅事情ではトラブルのもと。虫の声はやはり現地で、そして録音で楽しむのがいいでしょう。

35

バッタ目 ツユムシ科

エゾツユムシ［蝦夷露虫］
Kuwayamaea sapporensis

鳴きながら触覚をクリーニングするオス

大 約20mm。**分** 北海道〜九州。**生** セスジツユムシに似ているが、やや太め。寒冷地では年一化、温暖な地方では年二化。林縁の湿った環境を好み、7月から鳴きはじめる。夜に活発に歩きまわり、よく鳴く。鳴き方には2パターンあり、交互にくり返し鳴く。**声** ①「**チーチキチ**」とゆったりくり返す前半部の鳴き方。ガンマイクで集音。②「**チッチッチッチーチキチ**」とせわしなくくり返す後半部の鳴き方。ガンマイクで集音。③比較的せまい範囲に多くが集まって鳴くことが多く、「**チキチキ**」という音が複雑に重なっている。ステレオ録音。

もっと知りたい！

丸みをおびた体形のメス

オスは鳴き声から探すことができますが、鳴かないメスはそうもいきません。ほぼ全体が明るい緑色のメスは、まわりの植物にとけこみ、見つけにくい虫です。といってもそれは昼間のこと。夜になればそうむずかしくはありません。オスの鳴き声が集中しているところにはメスも多く、目立つところを歩いているので、ライトを照らして探せばかならず見つかります。

バッタ目 ツユムシ科

セスジツユムシ [背筋露虫]
Ducetia japonica

バッタ目 **ツユムシ**のなかま

夜、林縁の草地に鳴くオス

大 約15mm。**分** 本州〜南西諸島。**生** 8〜10月に活動する。もっともふつうに見られるツユムシで、草地から林縁に多い。昼は植物に擬態しつつ休み、夜になると活発に動き、よく鳴く。1〜2mほどの高さに多く、翅を使って木から木へ飛び、よく歩きまわる。**声** ①1匹の声をガンマイクで集音。「**チッ・チッ・チッ・・・**」という声はだんだん間隔が短くなり、最後は数回「**チー・チー**」と鳴いてしめる。全体で30秒ほど。つぎに鳴くまではしばらく間をあける。②カンタン (p.59) やスズムシ (p.58) の声とともに鳴く。ステレオ録音。

もっと知りたい！

擬態ポーズで休むオス

セスジツユムシは、擬態の名手です。緑色型と褐色型の2つのタイプがいますが、どちらも植物によくとけこみ、さらに脚や触角をまっすぐにのばす姿勢が効いています。動かないことがいかに目立たないかをよく知っており、擬態ポーズのときは近づいてもすぐには逃げず、葉の上で堂々と体をのばしています。ちょっと目をはなすと見失いそうになります。

バッタ目 ツユムシ科

アシグロツユムシ ［脚黒露虫］
Phaneroptera nigroantennata

バッタ目 ツユムシのなかま

2～3mほどの目線より高い場所を歩く姿が目につきやすい

大 約20mm。 **分** 北海道～九州。 **生** 年二化で、6～11月にかけて見られる。中部地方より北では年一化で、8～10月に活動する。オス・メスともに脚の頸節が濃い茶色なところから、この名がある。体は緑に黒い点をまぶしたような色で、幼虫のころから葉の上を歩く姿をよく目にする。林縁に多く見られるが、鳴き声は非常に聞こえづらい。 **声** ①ひだまりに出て、2～3秒間隔で「**チチー**」とかすかな声で鳴く。このときはすぐには移動しないで、同じ場所で10分ちかく、ときどき休みながら、鳴きつづけていた。ガンマイクで集音。

もっと知りたい！

日だまりに出て鳴くオス

鳴き声は、数えるほどしか聞いたことがありません。秋も深まり、道ばたで紅葉を撮影していると、かすかに高い音が聞こえてくる……。気づくときはいつもそんな感じです。ところが、調べてみると、夜によく鳴くという情報もあります。ふだんよく目にする虫ですから、鳴き声に気づかないのはくやしいところ。聞こえにくい音なので、ほかの虫の声にまぎれてしまうのでしょうか。

バッタ目 ツユムシ科

ホソクビツユムシ ［細首露虫］
Shirakisotima japonica

バッタ目 **ツユムシ**のなかま

鳴きながら歩きまわるオス。
触覚に点々とある白い点が特徴的

大 約20mm。 **分** 本州〜九州。 **生** 7〜9月に活動する。やや標高の高い山地にすみ、樹上性。昼間、オスは下草から木の高いところまで盛んに歩きまわり、ときどきとまって鳴く。また、枝先までくると翅を使って飛んで移動する。昼に活発に鳴くが、夜も鳴くようだ。 **声** ①1匹の声をガンマイクで集音。「**チッチッチ・・・**」と高い音で4〜5秒ほど鳴き、最後はやや大きな音で「**チキチキ**」と鳴いてしめる。②数匹での鳴き交わしをステレオ録音。梅雨晴れの暑い日で、鳴き声のテンポも早く軽快だ。ニイニイゼミ（p.96）も鳴いている。

もっと知りたい！

日中、木の高いところで鳴くオス

鳴く虫は、たいてい声はすれども姿は見えぬものですが、ホソクビツユムシは昼に鳴くだけでなく、よく歩き、翅を使ってよく飛びます。鳴き声が聞こえれば、即、姿も見えるでしょう。視界のなかに何匹もいれば、動きだけを見ていても飽きることはありません。目でも耳でも楽しめる、ちょっとオトクな鳴く虫なのです。

39

バッタ目 ツユムシ科

サトクダマキモドキ [里管巻擬き]
Holochlora japonica

バッタ目 ツユムシのなかま

下草を歩くオス。夜は活発に歩きまわる姿が見られる

大 約55mm。**分** 本州〜九州。**生** 7〜10月に活動する。濃い緑色の大きなキリギリス。平地から山地にかけて広く生息し、公園や人家の庭にもいる。オスが翅を使って発音するほか、メスも発音する。高い音で発音するが、非常に聞こえづらい。光沢のある常緑樹の葉のような姿で、じっとしていると見つけにくい。昼間は樹上で休んでいて、夜になると地表近くにもおりてきて活発に歩きまわる。また、翅を使ってよく飛ぶ。
声 ①飼育中の1匹のオスの声を、ガンマイクで集音。約10分おきに「**チッチッチ・・・**」と数秒にわたって鳴いた。

もっと知りたい！

サトクダマキモドキを野外で採集し、ケースに入れて車で移動していたとき、「チッチッ」という声を聞きました。庭にもいる虫なのに、声を聞いたことがなかったので、とてもおどろきました。そのまま走りつづけると、10分以上たってから、また数秒にわたって「チッチッ」と鳴きました。車内だったのでハッキリと聞こえましたが、こんなに間を空けて鳴かれては、気づきにくいのももっともです。

鳴いている姿を見るのは非常にむずかしい

コラム②
音集めの技法 マイク編

　外部マイクを使った録音では、多様な音集めができます。1匹だけの声を録音したいときは、「ガンマイク（ショットガンマイク）」のような指向性の高いマイクが適しています。マイクの指向性とは、音をとらえる角度と感度のことで、ガンマイクは正面に向かってせまい範囲に感度の高いマイクです。音源に適度に近づきガンマイクを向けると、周囲の音は極度にレベルが下がり、目的の音だけをクリアに集音することができます。カメラのレンズに例えれば、マクロレンズのようなマイクです。

　望遠レンズのように遠くはなれた音をとらえるのは「パラボラマイク」です。パラボラの効果で遠くの音がすぐ近くで鳴っているように聞こえます。木の高いところや、谷の向こうで鳴く1匹のセミの声を集音するには、これ以外の選択肢はありません。

　たくさんの虫たちの声を、広角レンズのように広く録音するなら、「ステレオ録音」が最適です。左右2つのチャンネルを使って立体的に記録し、適切な録音・再生次第では、実際に虫が鳴いているようなリアルな音空間を再現できます。録音機の内臓ステレオマイクもすぐれていますが、わたしは、無指向性のマイク2本を20〜30cm間隔で並べるAB方式を愛用しています。無指向性マイクとは、マイクを中心に同心円状に感度があり、自然な音の広がりをとらえることができ、虫たちの合唱の録音に適しています。地形やまわりのノイズ（雑音）を考慮しつつ、虫の声がクリアに聞こえる距離や方向を探ったり……。むずかしいですが、楽しい作業です。

パラボラマイクとAB方式ステレオを同時使用。スジアカクマゼミの声を録音中

ガンマイクを野外で使うときはハンドグリップとウインドジャマーが必須

録音機からケーブルを通してマイクに電源を供給する「ファンタム電源」が必要なマイクもある。

無指向性マイク2本の間にディスクをはさんだ特殊なステレオ方式。ナキイナゴの録音で使用

コオロギの発音のしくみ

コオロギやマツムシ、ヒバリモドキのなかまは、オスだけが鳴き、左右の前翅に発音のしくみがあります。静止時には、右翅を上、左翅を下にたたんでいますが、鳴くときは2枚の翅を立て、発音器をセットします。翅の立て方は、スズムシのように垂直近くまでもち上げるものもいれば、コオロギのようにわずかに浮かせるものもいます。

右の前翅の裏側にヤスリ器、左の前翅のへりにコスリ器があり、翅を立てるとこの2つが接触します。左右の翅をスライドさせ、ヤスリ器とコスリ器がすれ合うと摩擦音が発生します。この摩擦音は微弱ですが、左右の前翅のハープ、および発音鏡とよばれる部分に共鳴による強い振動を発生させ、遠くまでとどく大きな音をつくります。

静止状態の
スズムシのオス

左右の前翅を立て、
鳴く姿勢に入った

リーン・
リーン

うしろから見ると、ヤスリ器とコスリ器がすれ合っているのがわかる

ヤスリ器とコスリ器の接触のようす

鳴くマツムシ

チッ チリリ

マツムシのオス。
右翅が上になっている

マツムシのメス。鳴か
ないメスの翅脈はオス
ほど複雑ではない

コロコロ、
リッリッリー

鳴くエンマコオロギ。
翅は軽くもち上げる程度だ

バッタ目 コオロギ科

エゾエンマコオロギ［蝦夷閻魔蟋蟀］
Teleogryllus infernalis

鳴きながら求愛するオス

大 約30mm。 **分** 北海道〜本州。 **生** 8〜10月に活動する。北海道では草地に見られるが、本州では川原や浜辺近くの、草のまばらな砂れき地に見られる。夜に鳴く。

声 ①1匹に接近してステレオマイクで録音。「リッ、リッ・・・」と短く区切った声をくり返し、ときどき「リリ」、または「リリリ」と連続した音を入れる。②夜の砂浜近くで鳴く様子を広くステレオ録音。気温が高かったためか、「リリ」や「リリリ」と連続した音ばかりで鳴いていた。ヒロバネカンタン(p.60)やシバスズ(p.71)、キリギリス(p.17)の声も聞こえる。

もっと知りたい！

エンマコオロギにも、ときどき顔の真っ黒な個体が出て、エゾエンマコオロギとまちがえそうになりますが、鳴き声からアプローチすれば、区別はむずかしくありません。エゾエンマコオロギの声には、「リーー」のような長くのばす音はなく、短く区切ったような音だけです。スズムシ(p.58)のひとり鳴きに近い印象を受けます。

顔に白い模様が少ないのが特徴

バッタ目 コオロギ科

エンマコオロギ [閻魔蟋蟀]
Teleogryllus emma

バッタ目 コオロギのなかま

翅を立てて鳴くオス。夜は巣穴から出て鳴くことも多い

大 約30mm。**分** 北海道〜九州。**生** 7〜11月に活動。草原や畑、人家の庭など、さまざまな環境に見られる。石の下や地面にあいた穴をすみかにする。昼も夜も鳴く。
声 ①「呼び鳴き」と呼ばれるなわばり宣言の鳴き声をガンマイクで集音。「コロコロリッリッリー」と同じ調子で鳴きつづける。②メスに鳴きながら近づくときの「誘い鳴き」。「コロコロリーーー」と「リー」の部分を長くのばす、やわらかい声に変わる。飼育下で録音。③秋の昼間、草原で数匹で鳴き交わす様子をステレオ録音。④オスどうしの争いで、勝ったほうが発する勝どきの声。

もっと知りたい!

夏の夜、水銀灯をつけて灯火採集をしていると、体の大きなエンマコオロギがたくさん飛んできます。エンマコオロギだけでなくコオロギの多くは、羽化してしばらくは後翅を使って遠くに飛ぶことができます。そして、お気に入りの場所を見つけると、翅はじゃまになってしまうらしく、自ら抜いてしまいます。オスの場合、きっと後翅がないほうが、鳴き声がよく響くのでしょう。

灯火にひかれて飛んできたオス

バッタ目 コオロギ科

タンボコオロギ [田圃蟋蟀]
Modicogryllus siamensis

頭部に1本の目立つ横線があり、イチモンジコオロギの別名がある

大 約18mm。 **分** 本州、四国、九州。 **生** 幼虫越冬の年二化で、5～7月と8～9月に成虫があらわれるが、1回目のほうが数が多いようだ。寒冷地では年一化。湿った環境を好み、名前のとおり、田んぼ周辺の草地に多く見られる。夜に鳴く。 **声** ①1匹の声をガンマイクで集音。「**ジャッ・ジャッ・ジャッ・・・**」と一定のリズムで長く鳴きつづける。②田んぼで鳴く1匹に近づきステレオ録音。アマガエルとよく似た調子で鳴いている。③数匹が鳴き交わす様子をパラボラマイクで集音。ここでもアマガエルがよく鳴いていた。

もっと知りたい！

田植えがひと段落して稲がしっかり根づくころ、夜の田んぼはカエルの合唱でうるさいくらいです。でも、カエルと思って聞いているなかに、妙な声が混じっていませんか？ それはきっとタンボコオロギの鳴き声。アマガエルの鳴き声によく似たリズムでずっと鳴きつづけています。まるで鳴き声を擬態しているかのようですが、とくに深い意味はなく、たまたま似ているだけのようです。

同じリズムでえんえんと鳴きつづけるオス

バッタ目 コオロギ科
ハラオカメコオロギ [原阿亀蟋蟀]
Loxoblemmus campestris

バッタ目 コオロギのなかま

わりとどこにでも見られる普通種で、緑の少ない都市部にも多い

大 約15mm。 **分** 北海道〜九州。 **生** 8〜10月に活動する。明るく開けた草地を好み、街なかの公園や畑、人家の庭にも多い。落ち葉の下などにひそんでいて、昼も夜も鳴く。 **声** ①1匹の声をガンマイクで集音。「ビビビビ、ビビビビ・・・」と約1秒間の鳴きと、そして約1秒間あいだをおいてつぎの鳴きを、えんえんくり返す。音色はミツカドコオロギ (p.50) と似ているが、それほどとがった感じがない。②中央の1匹と、左奥のもう1匹が鳴き交わす様子をステレオ録音。右手にかすかに聞こえる声はツヅレサセコオロギ (p.51) だろう。

もっと知りたい！

オスの顔。中央の目立つ白い点は単眼の1つ

オカメコオロギの名前は、顔が面長でほっぺがふくらんでいて「おかめ」の面に似ているから、と言われています。同じように顔から名前がつけられたオカメインコは面白く、頬が染まっていて、まさに「おかめ」という感じがしますが、オカメコオロギについては、どうもしっくりきません。何か別に名前の由来があるのではないでしょうか。

バッタ目 コオロギのなかま

バッタ目 コオロギ科
タンボオカメコオロギ [田圃阿亀蟋蟀]
Loxoblemmus aomoriensis

オス。ほかの2種のオカメコオロギより黒っぽい

大 約15mm。 **分** 北海道～九州。 **生** 8～10月に活動する。山あいの湿った草地にすみ、東北より北ではもっともふつうに見られるオカメコオロギ。日中は石の下のくぼみや、地面にあいた穴のような場所にひそんでいることが多い。 **声** ①1匹の声をガンマイクで集音。「リッリッリッリ・・・」とはねるような音色の鳴き声だ。②ツヅレサセコオロギ(p.51)のように連続的に鳴くことも多い。カンタン(p.59)、マダラスズ(p.73)もいっしょに鳴いている。ステレオ録音。③日中、聞こえてきた別パターンの声。誘い鳴きだろうか。ガンマイクで集音。

もっと知りたい！

日中はかげにかくれて見えにくいコオロギですが、夜は食べものを求めて広く歩きまわります。とくに暗くなってからの1～2時間は、ライトを照らして見てまわると、食事中のコオロギがつぎつぎに見つかります。意外なことに、もっともよく食べているのが湿った落ち葉。コオロギも、ミミズやダンゴムシと同じく腐食物を食べて土に返す、分解者としてはたらいています。

落ち葉を食べるオス

バッタ目 コオロギ科
モリオカメコオロギ [森阿亀蟋蟀]
Loxoblemmus sylvestris

バッタ目 **コオロギ**のなかま

落ち葉のかげから出てきたオス

大 約15mm。**分** 本州〜九州。**生** 8〜10月に活動する。おもに林のなかの薄暗い場所に暮らし、落ち葉の下で鳴くことが多い。**声** ①1匹の声をガンマイクで集音。「ジジジジ・・・」と1秒ほどの声をくり返す。3種のオカメコオロギのなかでは、もっともやわらかい感じの音色で、耳にやさしい声だ。②日中、草のかげで「ジッ」「ジジッ」と短く区切る鳴き方をくり返していた。ガンマイクで集音。ツヅレサセコオロギ(p.51)の声も混じる。③クチキコオロギ(p.61)と夜の森に鳴く。「ジッ」「ジジッ」と短く区切る鳴き方だ。ステレオ録音。

もっと知りたい！

ハラオカメ、タンボオカメ、そしてモリオカメの3種のオカメコオロギの鳴き声は、慣れれば音色で聞き分けられると言われていますが、実際にはとてもむずかしいです。録音した声の波形を見れば、ある程度は区別がつきますが、気温によって鳴き方は変わりますし、鳴き方にはさまざまなパターンもあります。オカメコオロギの鳴き声は、とても奥の深い世界なのです。

クチキコオロギ(上)と道に落ちたドングリを食べる

49

バッタ目 コオロギのなかま

バッタ目 コオロギ科
ミツカドコオロギ［三角蟋蟀］
Loxoblemmus doenitzi

背後から見ても一風変わった姿のオス

大 約18mm。 **分** 本州〜九州。 **生** 8〜10月に活動する。明るく開けた草地を好み、公園や畑に多い。落ち葉の下などにひそんでいることが多く、よく落ち葉を掃いていると、おどろいて飛び出してくる。昼も夜も鳴く。 **声** ①1匹の声をガンマイクで集音。「ビビビビ・・・」と細かく連続的に1〜2秒鳴き、同じくらい休んで、ふたたび1〜2秒の鳴きをくり返す。オカメコオロギ類とよく似た鳴き声だが、やや高くするどい響きで、慣れれば区別はむずかしくない。②秋の午後、ツクツクボウシ（p.101）やクサヒバリ（p.66）の鳴く広場で。ステレオ録音。

もっと知りたい！

ミツカドコオロギの顔は、じつに奇妙な形をしています。3つの大きな突起だけでなく、横から見ると正面は真っ平らです。これはオスだけの特徴で、メスはふつうにコオロギらしい丸い顔をしています。オスだけの特徴となると、メスへのアピールか、メスを巡る戦いのための武器。わたしは、何度もミツカドコオロギのオスが、平らな顔を向かいあわせ、押しあって争うのを見たことがあります。

オスの顔。てっぺんと左右の3つの大きな突起が特徴

バッタ目 コオロギ科

ツヅレサセコオロギ [綴刺蟋蟀]
Velarifictorus micado

バッタ目 **コオロギ**のなかま

オス。よく家のなかにも入ってくる

大 約20mm。 **分** 北海道〜九州。 **生** 8〜10月に活動する。草地や畑など開けた環境を好み、人家の庭にも多い。石の下や、地面にあいた穴にひそんでいる。よく家のなかにも入ってきて鳴く。昼も夜も鳴く。
声 ①夜、石の下で鳴く声をガンマイクで集音。「リ、リ、リ、リ・・・」と一定のリズムで長く鳴きつづける。鈴を転がしたときのような、やわらかい音色だ。②午後に聞こえてきた同じ個体の別の声。求愛の誘い鳴きだろうか。ガンマイクで集音。③数匹による合唱をステレオ録音。同期的に鳴いていて、ときどき、きれいにハモる瞬間がある。

もっと知りたい！

落ち葉の下で鳴くオス

昔の人は、この虫の声を「肩させ裾させ綴れさせ」と聞きなしました。綴れとは、やぶれたところをつぎはぎした粗末な服のことで、昔はいたんだ服を修繕して長く使いました。秋は、冬を前につくろいものでいそがしかったのでしょう。虫の音の単調なリズムにあわせ、黙々と作業する様子が想像できます。テレビもラジオもない時代、虫の音は最高のBGMだったのではないでしょうか。

バッタ目 コオロギ科
コガタコオロギ [小型蟋蟀]
Velarifictorus ornatus

愛嬌ある顔のメス。
ツヅレサセコオロギ(p.51)によく似ている

大 約16mm。 **分** 本州〜南西諸島。 **生** 幼虫で越冬し、成虫は5〜7月に見られる。ふつうは年一化だが、あたたかい地方では年二化。畑や土手などあまり草の深くない、明るく乾いた環境を好む。夜に鳴く。 **声** ①1匹の声をガンマイクで集音。「ジー」とよくとおる低めの鳴き声で、短く鳴く。ひと鳴きごとに、少し間隔をあける点が特徴的だ。②畑に接した草地で数匹が鳴き交わしている。日没後で、暗くなったばかり。湿地で鳴くオオヨシキリも、しばらくはにぎやかだ。ステレオ録音。③飼育下で録音した求愛の声。ガンマイクで集音。

もっと知りたい！

夜の畑で鳴くオス

コガタコオロギは、姿形も鳴き声も地味なコオロギですが、5月から鳴き声を楽しめる点で注目の1種です。1音1音、長く間隔をあけて鳴くのが特徴で、声の質はややキリギリス(p.16)に似ていますが、音量はずっと小さく、マダラスズ(p.73)に近いかもしれません。音量はひかえめで、耳にもやさしい響きにつつまれて、夜の散歩もがぜん楽しくなります。

クマコオロギ [熊蟋蟀]

バッタ目 コオロギ科

Mitius minor

バッタ目 コオロギのなかま

わずかに翅を立てて鳴くオス

大 約15mm。 **分** 本州、四国、九州。 **生** 8～11月に見られ、湿った草地や田んぼのあぜにすむ。地中にトンネルを掘って暮らしていて、昼はとても見つけにくい。黒くつやのある体と、明るい茶色の脚が特徴的で、ほかのコオロギと区別しやすい。翅はオス・メスともに短め。昼も夜も鳴く。 **声** ①1匹の声をガンマイクで集音。「**チュルン、チュルン**」と1音、1音、間をあけて鳴き、ときどき「**ジー**」と長くのばす音を入れる。音量はひかえめだ。②数匹で鳴き交わす様子をステレオ録音。少しはなれてエンマコオロギ（p.45）も鳴いている。

もっと知りたい！

長い産卵管の目立つメス

クマコオロギは、地中にひそんでいて見えにくいコオロギです。スコップを使って、鳴き声のする場所を掘って探したことがありますが、草の根が密生していて思うようにいきませんでした。ところが、夜、暗くなった直後にふたたび探してみると、外に出て食べものを探す個体がいくつも見つかりました。暗くなってからの1～2時間がいいようです。

バッタ目 コオロギのなかま

バッタ目 コオロギ科
カマドコオロギ [竈蟋蟀]
Gryllodes sigillatus

オスの成虫。短い前翅と長い触覚が特徴的だ

大 約18mm。 **分** 本州〜南西諸島。 **生** あたたかい環境で1年中見られる。ガスコンロが普及する以前、かまどがふつうだった時代には、家庭の昆虫として台所周辺にすみ着いて、青森県まで分布を広げていた。現在は、家のなかから姿を消し、温泉地などに細々と暮らしている。夜によく鳴く。
声 ①飼育中の数匹が鳴き交わす様子をステレオ録音。古い民家に飼育ケースを持ち込み、土間に並べ、かつての響きを想像しながら収録した。「**チリチリチリ・・・**」と連続的に鳴く。ほかのコオロギにくらべて、音量はひかえめだ。

もっと知りたい！

カマドコオロギは、もともとあたたかい地方にすむコオロギで、1年中、火を落とさず使われたかまどや囲炉裏があったころには、家のなかでふつうに見られたようです。同じように命名されたカマドウマは、現在も家のなかで見ますが、ゴキブリ同様、きらわれ者でした。一方、カマドコオロギは野菜くずなどをもらってかわいがられており、鳴くだけで、だいぶ印象がちがったようです。

せまいすき間で鳴いているオス

クマスズムシ [熊鈴虫]

バッタ目 コオロギ科

Sclerogryllus puctatus

落ち葉のかげで鳴くオス。
オス・メスともに触覚が一部白い

大 約12mm。 **分** 本州〜南西諸島。 **生** スイカのタネのような体形。8〜10月に活動し、林縁や土手などに見られる。地表をはうクズの下など湿った場所を好む。昼も鳴くが、おもに夜に鳴く。 **声** ①1匹の声をガンマイクで集音。「キーン」という高音の響きと、「シュシュシュ・・・」というかすれた音が重なった、一風変わった鳴き声だ。1回の鳴きは20〜30秒ほどで、10秒以上間をあけてふたたび鳴きはじめる。②地表に広がるクズにステレオマイクを近づけ、合唱を録音。少なくとも3匹の鳴き声が聞こえる。すぐ近くにひとり鳴きするスズムシ（p.58）の声も聞こえる。

もっと知りたい！

わたしは、いつも道路の駐車帯でクマスズムシを探します。道路まで広がるクズの下から声が聞こえたらしめたもの。そっとクズを持ち上げると、スイカのタネくらいの真っ黒いクマスズムシが、迷惑そうに歩きだします。そばにはナメクジやワラジムシもいて、そんなジメジメした空間でうつくしい声を響かせているところは、スズムシ（p.58）によく似ています。

産卵管の目立つメス。動きはゆっくりしている

バッタ目 マツムシのなかま

バッタ目 マツムシ科
マツムシ[松虫]
Xenogryllus marmoratus

草間にひそむオス。枯れ草によく似た色で見つけにくい

大 約22mm。 **分** 本州〜九州。 **生** 8〜10月に活動する。明るく乾いた草地を好む。茶褐色で地味な姿はまわりの枯れ草にとけこみ、静止すると無駄に動かないこともあって姿は見えにくい。おもに夜に鳴く。
声 ①1匹の声をガンマイクで集音。遠くまで響く大きな鳴き声で、「**チッ、チリリ**」または「**ピッ、ピリリ**」と聞こえる。②海辺の草原に鳴き交わす様子をステレオ録音。少しはなれて聞くと、たくさんの声が重なって「**キンキン**」と高音が際立って聞こえてくる。ヒロバネカンタン(p.60)、スズムシ(p.58)も鳴いている。

もっと知りたい！

翅を立てて鳴くオス

童謡「むしのこえ」の冒頭に登場するマツムシの「ちんちろりん」は、日本人ならだれもが知っているでしょう。でも、実際に野外でマツムシの声を聞くと、歌声や文字から受ける印象とは、かなりちがって感じられるものです。わたしがはじめて生でマツムシの声を聞いたとき、先入観がじゃまをしたのか、最初は何の虫かわかりませんでした。音を文字であらわすことのむずかしさを感じます。

バッタ目 マツムシ科

アオマツムシ [青松虫]
Truljalia hibinonis

バッタ目 **マツムシ**のなかま

葉にぴったりと体をつけて休むオス

大 約22mm。**分** 本州〜九州。**生** 8〜11月に活動する。明治時代に日本に入ってきた外来種といわれている。原産地については諸説ある。おもに夜に鳴くが、気温が20度を下まわると鳴かないようだ。晩秋には昼にも鳴くようになる。**声** ①1匹の声をパラボラマイクで集音。「**リューリュー・・・**」とよくとおる声で鳴きつづける。②閑静な住宅地がアオマツムシの声につつまれる。1匹1匹の声がとらえにくくなり、「**リンリン・・・**」と聞こえるようになる。ステレオ録音。③晩秋、昼の明るい時間に鳴いていた。パラボラマイクで集音。

もっと知りたい！

明治時代に東京ではじめて見つかって以来、全国的に分布を広げるアオマツムシ。鳴き声は圧倒的大音量で、在来種への影響さえ心配されます。でも、それはわたしたち人の耳が感じること。鳴く虫の世界は、音によるすみ分けがはっきりしていると思われます。虫の音にさまざまなバリエーションがあるのもそのため。虫たちは、きっと困ることはないのでしょう。

夜、翅を立てて鳴くオス

バッタ目 マツムシのなかま

バッタ目 マツムシ科
スズムシ[鈴虫]
Meloimorpha japonica

休止中のオス。ライトを照らすと夜の闇に白く長い触覚が目立つ

大 約20mm。 **分** 本州〜九州。 **生** 7〜10月に活動する。ススキなどの草原や林縁の草地にすみ、日中は根際にひっそり休んでいる。夜は活発に歩きまわり、オスは少し高いところにのぼって鳴く。**声** ①1匹の声に接近してステレオ録音。もっとも有名な「リーン、リーン」という声はなわばり宣言の声で、「競い鳴き」と呼ばれる。②まわりにライバルがいないときは「リー、リー」と短く区切るように鳴く「ひとり鳴き」。野外では、この声もよく聞く。ガンマイクで集音。③エンマコオロギ(p.45)などと夜の合唱。ステレオ録音。

もっと知りたい！

鳴く虫のいちばん人気はやっぱりスズムシ。毎年、日本全国のペットショップやホームセンターで販売され、飼育して声を楽しむ人も多いはず。家のなかで聞いてちょうどいい声のスズムシだから、人気がつづいているのかもしれません。でも、自然状態でスズムシの声を聞こうとする人はあまりいません。野外でよく聞く「ひとり鳴き」も、スズムシの声と気づく人は少ないようです。

ヨモギの葉裏で鳴くオス

バッタ目 マツムシ科

カンタン ［邯鄲］
Oecanthus longicauda

メマツヨイグサの花粉を食べるオス

大 約15mm。 **分** 北海道〜九州。 **生** 8〜11月に見られ、明るい草地を好む。夏は夜に鳴くが、秋に気温が下がってくると昼だけに鳴くようになる。好物は夜に咲く花の花粉。 **声** ①1匹の声をガンマイクで集音。「ルルルル・・・」とよくとおる声で鳴く。このときの気温は23度。②たくさんの鳴き声が重なり、大きな音の塊として聞こえる。気温が28度の蒸しあつい夜で、鳴き声のテンポもあがり、「リリリリ・・・」とやや高いトーンに聞こえる。ステレオ録音。③気温18度では、かなりスローテンポな声になる。ステレオ録音。

もっと知りたい！

カンタンは、鳴くときはきまって葉の切れ目や虫食い穴から身を乗り出すような姿勢をとります。翅はちょっと葉に触れていて、もしかしたら翅の震動を葉に伝え、音を増幅させているのかもしれません。鳴き声をたよりにカンタンを探していると、音がほかの虫の音にはない、どこか不思議な響きがあって、ときどき音の方向がわからなくなることがあります。

ヨモギの葉の切れ目から身を乗り出して鳴くオス

バッタ目 マツムシのなかま

バッタ目 マツムシ科
ヒロバネカンタン [広翅邯鄲]
Oecanthus euryelytra

草にのぼって鳴くオス。翅に透明感がある

大 約15mm。 **分** 本州〜南西諸島。 **生** 西日本では年二化だが、東北地方では年一化。7〜10月に見られ、海辺の植物に多い。内陸部では、土手の草地など明るく開けた場所にすむ。カンタン(p.59)に似ているが、緑色が強く、やや翅が幅広いなど外見上の若干のちがいが見られる。いちばんのちがいは鳴き声。夜に鳴く。 **声** ①1匹の声をガンマイクで集音。ゆったりしたテンポで、「ルー・ルー・・・」と1音、1音、区切るように鳴く。②波の音が近い海辺の草原で鳴き交わす。キリギリス(p.17)の夜の声も聞こえる。ステレオ録音。

もっと知りたい!

オスの翅のつけねにある誘惑腺をなめるメス(下)

オスは1か所で長く鳴きつづけることはなく、つぎつぎに場所を移動しながら鳴きます。積極的に動かないとメスとの出あいが少ないのでしょう。メスの存在に気づくと、オスは鳴きながら近づき背中を向けます。カンタン(p.59)やスズムシ(p.58)と同じように、メスはオスの翅の下にある誘惑腺にひきつけられ、おとなしくなっているうちに、交尾がおこなわれます。

バッタ目 マツムシ科

クチキコオロギ [朽木蟋蟀]
Dualandrevus ivani

樹上で鳴くオス。翅は短く腹部の半分にも満たない

大 約32mm。 **分** 本州南部〜沖縄。 **生** 照葉樹の森にすむ。きまった越冬態をもたず、1年をとおして幼虫・成虫が見られる。夜行性で、昼は岩の割れ目や樹皮下、木のうろのなかなどにひそむ。夜に鳴く。地表付近で鳴くことが多いが、木の高いところから聞こえることもある。 **声** ①1匹の声をガンマイクで集音。「**グリー、グリー**」とやや低めの音で、やや間隔をあけて鳴く。②夜の照葉樹の森にて、地表付近で数匹が「**グリー、グリー**」と鳴き交わしている。木の高いところからは「**リンリン・・・**」とアオマツムシ(p.57)の声が聞こえている。ステレオ録音。

もっと知りたい！

クチキコオロギは、夜になると食べものを求めて広範囲を歩きまわります。とくに暗くなって間もない時間は活発です。夜の照葉樹林はちょっと不気味ですが、勇気を出して入ってみると、ライトの灯りが路上を歩きまわる個体をつぎつぎに照らしだします。ライトにもそれほどおどろくことなく、鳴いている姿も比較的、簡単に観察・撮影することができます。

路上に落ちたドングリをかじるメス

バッタ目 ケラ科
ケラ［螻蛄］
Gryllotalpa orientalis

前脚はモグラのように土を掘るのに適した形

大 約35mm。 **分** 日本全国。 **生** 4〜11月に活動する。田んぼや湿地のような湿った土地を好み、地中にトンネルを掘って生活する。食べるときも鳴くときもトンネルのなかだ。**声** ①日没後、よく響く声で鳴きつづけていた1匹の声をステレオ録音。地上にあいたトンネルの穴近くにマイクを近づけた。「ジーー」と長くのばす鳴き声で、まるで息継ぎするように数秒ごとに区切る。②昼間、野鳥たちが鳴き交わすなかにケラの声が混じっていた。鳥にくらべればボリュームは小さいが、遠くまでよくとおる鳴き声だ。ステレオ録音。

もっと知りたい！

ケラのトンネルは、地上にいくつか口があいており、声はそこから出てきます。そのため、さまざまな方向から鳴き声が聞こえてきて、ちょっと混乱します。でも、よく聞けば同じ音で、ほぼ同じボリュームに聞こえます。トンネルという管の共鳴を利用して音をひろげているのでしょう。音が微妙にふるえる感じは、人が喉を鳴らすのに似ています。

浅いトンネルは地表にひび割れたすじをつくる

コラム③
音を楽しむ

　録音データも、扱いは写真データなどと同じです。パソコンにオリジナルを保存してバックアップをとり、作業にはコピーを使います。オリジナルデータは日付ごとにフォルダーをつくって整理するといいでしょう。

　音の再生・編集は、「Audacity」というフリーソフトがおすすめです。世界中の技術者が長年にわたって開発を進めてきた高機能な音声ソフトです。Windows・MAC両対応で日本語もOK。波形表示はもちろん、スペクトログラム表示で人の耳には聞こえない超音波を視覚化できて、速度変更も多機能なものです。かつては1つ1つ高価なハードウェアでおこなっていた音声分析を、個人レベルで、1つのソフト内でできてしまいます。いまの時代、虫の音を楽しむなら、ただ音を聞くだけより、はるかにおもしろいと思います。

虫の鳴き声の再生は高音域が重要。たとえパソコンオーディオでも、スピーカーやヘッドフォン選びは、再生周波数特性の高音域に注目したい

　音声ファイルは、短く編集して、観賞用ファイルに書き出すのもいいでしょう。カット編集でじゃまな部分を消し、必要な部分だけを残し、レベル調整や左右のバランス調整をおこない、ノイズ処理など微調整をします。最後にWAV、FLAC、MP3※など、再生環境にあったファイル形式で書き出します。iTunesなどの一般的な音楽ソフトに転送してスマートフォンで持ち出すもよし、本格的なハイレゾシステムに送り込むのもいいでしょう。

※いずれも音声圧縮規格の1つ。

Audacityでのレベル調整の画面。
自然音の音量は、おさえめに編集するのがコツ

バッタ目 ヒバリモドキ科

ヤマトヒバリ［大和雲雀］
Homoeoxipha obliterata

バッタ目 ヒバリモドキのなかま

夜間、葉上を歩きまわるオス。昼にくらべて活発だ

大 約8mm。 **分** 本州〜沖縄。 **生** 7〜11月に活動する。薄暗い湿った環境を好み、深いやぶのなかや、林縁の草地にすむ。人家の生け垣や植え込みにもいる。少し高いところを好み、1〜2mほどの高さに多い。昼も夜も鳴く。 **声** ①1匹の声をガンマイクで集音。「ジィジィジィ」と短く区切る鳴き方がメインだが、ときどき「ジーー」と長くのばす声が入る。②秋の林道に数匹が静かに鳴き交わしていた。ときどき聞こえる「ジャー、ジャー」という鳥の声はカケスのもの。クサヒバリ（P.66）の声も混じっているようだ。ステレオ録音。

もっと知りたい！

小さく細身の体で動きもすばしっこく、姿が見えにくいヤマトヒバリですが、声を聞く限り数は多いようです。ヤマトヒバリの鳴き声は、リズムや音色がアオマツムシ（p.57）の鳴き声にちょっと似ているところがあります。わたしはいまもときどき勘ちがいしそうになり、すぐに音量のちがいで気づくのですが、この失敗のおかげで、ヤマトヒバリの声をしっかりおぼえることができました。

メスの前で翅を立てて鳴くオス

バッタ目 ヒバリモドキ科

キンヒバリ［金雲雀］
Natula matsuurai

バッタ目 **ヒバリモドキ**のなかま

葉上にあらわれたオス。透明感のあるうつくしい種だ

大 約8mm。 **分** 本州〜沖縄。 **生** 幼虫越冬で、5〜7月に活動する。ヨシなど丈の高い草の茂る池のほとりや湿地にすむ。地表付近の枯れ草のかげから、2m以上あるヨシの高いところまで、広い範囲で活動する。すばやく走りまわって身をかくすので、姿は見えにくい。昼も夜も鳴く。 **声** ①1匹の声をガンマイクで集音。「**リッ、リッリッリリー**」と、最初の1音がひっかかるような感じではじまる独特な鳴き声。②夜、オオヨシキリやアマガエル、ケラ（p.62）などと湿地に鳴く。たくさんの声が重なると、単に「**リンリン・・・**」と聞こえる。ステレオ録音。

もっと知りたい！

身を乗り出すような独特の姿勢で鳴く

愛らしく印象的な鳴き声も、音量がひかえめなため、いまひとつメジャーになれないキンヒバリ。かくいうわたしも、数年前に早春の房総半島で鳴き声に出あって意識しはじめたばかりです。ところが一度、声をおぼえると、いたるところから聞こえてくるようになりました。鳴き声を知らないうちはまるで気づきませんでしたが、地元鶴岡にもふつうにいることを知っておどろきました。

バッタ目 ヒバリモドキのなかま

バッタ目 ヒバリモドキ科
クサヒバリ [草雲雀]
Svistella bifasciata

ヤブガラシの花の蜜をなめるオス

大 約10mm。**分** 本州〜南西諸島。**生** 8〜10月に活動する。樹上性の小さなコオロギで、1〜2mほどの低木を好み、林縁に多く見られる。木の枝や樹皮のなかに卵を産みつけるので、庭木とともに運ばれることが多く、人家の庭や公園の植え込みにも多い。昼も夜も鳴く。**声** ①1匹の声をガンマイクで集音。生け垣のなかで「**フィリリリ・・・**」とよくとおる声で鳴く。②秋の午後、閑静な住宅地にたくさんの鳴き声が響く。いっせいに同期して鳴いていて、「**リーー・・・**」と大きな1つの音のようにも聞こえる。ステレオ録音。

もっと知りたい！

小泉八雲の作品の1つに「草雲雀」があります。1匹のクサヒバリを小さな籠に飼い、声を楽しむ日々の暮らしが、静かに落ち着いた調子でつづられています。いつの時代でも虫の音を楽しみ、小さな命を思う心は変わらないことを教えてくれます。「かすかな、かすかな銀鈴が波だちふるえるような声」など、クサヒバリの声の表現もすばらしく、鳴く虫ファン必見の作品です。

メスの前で鳴いてさそうオス（右）

バッタ目 ヒバリモドキ科
エゾスズ ［蝦夷鈴］
Pteronemobius yezoensis

バッタ目 **ヒバリモドキ**のなかま

オス。梅雨時、湿地を歩くと足もとから飛び出してくる

大 約10mm。**分** 北海道〜九州。**生** 幼虫で越冬し、5〜7月に活動する。全身真っ黒な小さなコオロギ。平地から山地まで広く生息し、湿った環境を好む。湿地や田んぼなど泥地、河川敷や沼の近くの草地、畑や公園など、さまざまな環境にいる。昼も夜も鳴く。**声** ①1匹の声をガンマイクで集音。「ビー、ビー」と短く区切ったような声で鳴きつづける。②山あいの休耕田で鳴き交わすたくさんの声に接近してステレオ録音。近くにかすかに聞こえる「クルル」という声はケラ（p.62）だろうか。遠くにはヒヨドリなどの野鳥や、モリアオガエルの声も聞こえる。

もっと知りたい！

北海道や東北地方の寒冷で雪深い土地では、夏を前に声を聞くことができる数少ない鳴く虫です。早春のひだまりには、越冬からさめた幼虫が元気にはねる姿が見られ、早いものはそれから約1か月後に鳴きはじめます。ちょうど夏鳥（南国で冬を過ごし、春から夏にかけて日本に渡ってくる鳥）のさえずりの季節に鳴きはじめるので、野鳥の声の録音に、よくいっしょに記録されます。

越冬明け、早春の花にとまる幼虫

バッタ目 ヒバリモドキ科

ヤチスズ［谷地鈴］
Pteronemobius ohmachii

バッタ目 **ヒバリモドキのなかま**

オス。田んぼのあぜを歩いていると飛び出してくる

大 約8mm。 **分** 北海道〜九州。 **生** 年二化で、6〜11月に活動する。寒冷地では年一化。湿地や田んぼなど、浅く水のはった泥地にすむ。田んぼのあぜ道を歩いていると、よく足もとから飛び出して水面に落ちる。昼も夜も鳴く。**声** ①1匹の声をガンマイクで集音。「ビーーー、ビーーー」と、数秒にわたって長くのばすように鳴き、毎回、尻上がりに音量を上げる。また、1音、1音の間はやや長めにあけるなど特徴的な鳴き声で、ほかと区別しやすい。②晩秋の田んぼで、昼、数匹が鳴き交わしていた。ステレオ録音。

もっと知りたい！

水に浮かぶメス。泳ぎも得意だ

ヤチスズの声は、シバスズ(p.71)やマダラスズ(p.73)の季節がおわったあともしばらくつづきます。東北地方のわたしのフィールドでも、11月なかばの初霜、初氷の季節まで鳴き声を聞くことができます。稲刈り後の田んぼのあちこちからこの声が立ち上がると、くもり空では晩秋のさみしさが増し、小春日和には、尻上がりに音量が上がる感じが心地よく、眠気をさそいます。

バッタ目 ヒバリモドキ科
ハマスズ［浜鈴］
Dianemobius csikii

バッタ目 **ヒバリモドキのなかま**

砂浜で翅を立てて鳴くオス

大 約10mm。 **分** 本州、四国、九州。 **生** 夏から秋にかけて見られ、年二化。寒冷地では年一化。海浜植物の多い自然度の高い砂浜、または河川の砂地にすむ。砂地によく似た体色で、まわりによくとけこむ。夜に鳴く。 **声** ①1匹の声をガンマイクで集音。「ビーー、ビーー」と短く刻むように鳴く。1回の鳴き声は1秒もつづかず、間の休止も短い。②夜の浜辺でスズムシ（p.58）やヒロバネカンタン（p.60）に混じって鳴き声が聞こえる。音量は小さめで、海辺では、波の音にまぎれて聞き取りにくい。ステレオ録音。

もっと知りたい！

見ごとなまでに砂地に擬態するメス

ハマスズは、砂地によく似た模様で、まわりによくとけこみ、見つけにくい昆虫です。目視のみでは効率が悪く、やはり鳴き声をたよりに夜に探すのが近道です。昼とちがって、夜はよく目立つところに出て鳴いていて、またライトをつけることで強い影がつくので、昼より見つけやすくなります。オスの近くには、たいていメスも見つかります。

バッタ目 ヒバリモドキのなかま

バッタ目 ヒバリモドキ科

カワラスズ [河原鈴]

Dianemobius furumagiensis

川原の石の下にひそむオス

大 約10mm。 **分** 本州〜九州。 **生** 8〜10月に活動する。自然度の高い川原にすむほか、鉄道線路上にも生息する。ゴロゴロした石が重なった下で鳴く。石をどけると、奥へかくれてしまうので、採集や撮影はむずかしい。昼も夜も鳴く。 **声** ①1匹の声をガンマイクで集音。「チリチリ・・・」と連続的に、遠くまでよくとおる声で鳴く。②昼に川原で鳴く様子をステレオ録音。録音した翌年以降、大雨で流されてしまったのか、まったく鳴き声を聞かなくなった。③JR羽越本線の三瀬駅ホーム内でステレオ録音。沿線のいくつかの駅で鳴き声を確認した。

もっと知りたい！

カワラスズは、あなたの身近なところでも鳴いているかもしれません。本来の生息環境である川原には少なくなっていますが、もう1つの生息環境である鉄道線路にはいまも多いようです。ポイントは、駅のホームや踏切など、夜も明るい場所。昼も夜も鳴いているので、好きな時間にめぐってみるといいでしょう。ただし、線路内に立ち入るのは違法行為です。声を楽しむだけにしましょう。

駅のホームで録音中の筆者

バッタ目 ヒバリモドキ科
シバスズ［芝鈴］
Polionemobius mikado

バッタ目 **ヒバリモドキのなかま**

枯れ草上のオス。鳴き声のするあたりを歩くと飛び出してくる

大 約8mm。 **分** 北海道〜九州。 **生** 6〜7月と9〜11月の年二化。寒冷地では年一化。明るく開けた丈の低い草地に暮らし、名前のとおり芝生の広場に多い。昼も夜も鳴く。 **声** ①1匹の声をガンマイクで集音。「ビーーン、ビーーン」と1音、1音を長くのばすように鳴く。間の休止は短く、気温が高いときは0.1秒以下。②複数のシバスズが鳴いているが、左のマダラスズ(p.73)1匹の声が際立って聞こえる。ステレオ録音。③気温が高めの秋の夜、スズムシ(p.58)やカンタン(p.59)の声がにぎやかに響くなか、シバスズも鳴きつづけている。

もっと知りたい！

小さな体に似あわず、よくとおる大きな声ですが、野外では不思議と気づきにくいことがあります。たくさんの声が重なって「ビーー」と1つの大きな音の塊となってまわりをおおうからでしょうか。あるとき、別の虫の声を録音したつもりが、シバスズの声が大きく入っていたことがありました。現場をはなれて静かな場所で再生して、ようやく気づいて、とてもがっかりしました。

小さな体のわりに声は大きい

バッタ目 ヒバリモドキ科

ヒゲシロスズ ［髭白鈴］
Polionemobius flavoantennalis

バッタ目 ヒバリモドキのなかま

足元から飛び出してきたオス。
オス・メスともに触覚が白くよく目立つ

大 約7mm。　**分** 本州〜九州。　**生** 8〜10月に活動する。林縁の草地に多く、地表で暮らす。湿った薄暗い場所を好み、スズムシ（p.58）を探していると、よくいっしょに見つかる。オス・メスともに触覚の一部が白く、これが名前の由来。昼も夜も鳴く。**声** ①1匹の声に接近してステレオ録音。鳴き声は「フィリリリ・・・」と、クサヒバリ（p.66）によく似ていて区別はむずかしい。②地表で鳴く様子をステレオ録音。気温の高い日で、鳴き声はハイテンポになり音色も高い。複数で鳴いているが、同期するように鳴いていて、1匹の声のように聞こえる。

もっと知りたい！

鳴き声はクサヒバリによく似ていて、声だけで区別するのはむずかしいです。ヒゲシロスズは高いところにはのぼらないので、生け垣のような高いところで鳴いていればクサヒバリにまちがいはないのですが、クサヒバリは低いところで鳴くこともあるので、地表付近で聞く声には要注意です。どうしても声の主を知りたければ、鳴き声のするあたりをたたいて追い出し、姿を確認しましょう。

地表近くにいて高いところにはのぼらない

バッタ目 ヒバリモドキ科

マダラスズ ［斑鈴］
Dianemobius nigrofasciatus

バッタ目 **ヒバリモドキ**のなかま

地表を歩くオス。
昼間から活発に活動する姿が見られる

大 約8mm。 **分** 北海道〜九州。 **生** 6〜7月と9〜11月の年二化。寒冷地では年一化。後脚のまだら模様が特徴。平地から山地にかけて広く生息し、明るい草地を好む。草の少ないところにもいて、畑や庭などにもふつうに見られる。昼も夜も鳴く。**声** ①1匹の声をガンマイクで集音。「ビー、ビー」と短く区切るように鳴く。②夏のはじめ、朝の住宅地にまばらに聞こえる鳴き声。スズメやカワラヒワなど、鳥たちの声もすがすがしい。ステレオ録音。③秋の昼間、畑のまわりで数匹が静かに鳴き交わしていた。ステレオ録音。

もっと知りたい！

メスも脚の白と黒のまだら模様が特徴

マダラスズは、シバスズ（p.71）と似た環境に暮らしますが、発生時期は微妙にずれていて、あまりいっしょに見ません。夏のはじめ、先に鳴きはじめるのはマダラスズ。朝の声はとくに印象的で、「ビー、ビー」とよくとおる声を響かせます。この声に夏を感じる人も多いでしょう。しばらくしてシバスズが増えるころには、しだいにマダラスズは姿を消していきます。

バッタ目 カネタタキ科

カネタタキ [鉦叩]
Ornebius kanetataki

翅は極端に短いが、これで立派なオスの成虫

大 約12mm。 **分** 本州以南。 **生** 8〜11月に活動する。樹上性で、庭や公園の植え込みにふつうに見られる。木の枝や幹のなかに卵を産みつけるため、クサヒバリ（p.66）などと同じく、植樹とともに運ばれ全国に広がっている。都市部にも多い。昼も夜も鳴く。**声** ①住宅地の植え込みで、1匹の声に接近してステレオ録音。「**チン、チン・・・**」と小さいがよくとおる音で鳴く。複数で争うように鳴き交わす様子も聞き取れる。②夜、海辺に広がるハマナスの茂みで鳴く数匹の声をステレオ録音。スズムシ（p.58）やマツムシ（p.56）の声も聞こえる。

もっと知りたい！

カネタタキは年一化ですが、活動期間が長く、初冬まで鳴き声を聞かせてくれます。わたしのすむ鶴岡でも、11月に入ってほかの虫の声が途絶えてからも、しばらくは声を聞きます。また、12月のはじめの東京ではいつもきまって歩道わきの植え込みでカネタタキの声を聞きますし、さらにあたたかい地方では年越しして、1月に鳴くこともめずらしくないようです。

接近した2匹が鳴き交わす

コラム④
音を目で見る

　わたしたちの耳や脳ではとらえられない「虫の音」の世界があります。1つは、虫たちのハイスピードな演奏による時間的な緻密さです。たとえば、コオロギやキリギリスが発音時に翅をこすり合わせる回数やタイミングは、あまりに速すぎて、目はもちろん耳でも感知できません。これを音声ソフトの波形図に表示してみると、1秒間に何回翅をこすり合わせているか、そしてどんなリズムでこすり合わせているか、一目瞭然です。ミツカドコオロギやオカメコオロギ類のような判別のむずかしい声も、波形を拡大表示することで、ある程度、区別することができます。

　さらに音声ソフトでは、人の聴覚域を超えた、超音波の世界を見ることができます。表示方式を、波形図からスペクトログラムに切り替えると、人の耳には聞こえない高周波の音がしっかり存在し、どの高さで強く鳴っているのか、目で見てわかるようになります。スズムシ (p.58) やカンタン (p.59) など、うつくしいと評される鳴き声には、「倍音」の存在も確認できます。

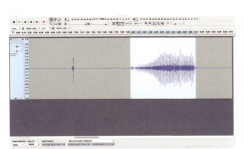
キリギリスの「チョン、ギーー」1回分の波形図。1.15秒の「ギーー」のなかに、翅のこすり合わせを約40回数えることができる

よく似た4種の波形を比較。上から、ミツカドコオロギ、ハラオカメコオロギ、タンボオカメコオロギ、モリオカメコオロギ。種類によって「ビ」という1つの音に、翅をこすり合わせる回数やリズムのちがいが読み取れる

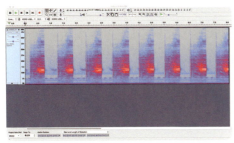
ハヤシノウマオイの鳴き声をスペクトログラム表示。横軸が時間、縦軸が音の高さを表し、音の強い部分は濃い赤で表示される。人の可聴域をこえる20キロヘルツ以上の音が多いことがわかる

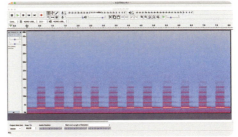
ヒロバネカンタンの鳴き声をスペクトログラム表示。3キロヘルツを基音に、6キロ、9キロ、12キロ・・・と倍々に強い音を確認できる。これらは「倍音」と呼ばれ、楽器ではうつくしい音色をつくる重要な音成分となっている

バッタの発音のしくみ

バッタは、後脚と前翅をすり合わせることによって摩擦音を発生させます。この脚と翅のすり合わせには、2つの構造上のちがうタイプがあります。

1つは、ナキイナゴやヒロバネヒナバッタに見られる、脚にヤスリ器があるタイプ。前翅の側面にかたい1筋のコスリ器があり、後脚の腿節に1列にならぶ細かい突起からなるヤスリ器でこすり合わせて発音するしくみです。

もう1つは、トノサマバッタなどに見られる、翅のほうにヤスリ器のあるタイプ。こちらは、前翅の側面に細かい突起がならぶヤスリ器があり、後脚をこすり合わせて音を出しますが、脚のどの部分で弾くかは不明瞭です。

鳴いているナキイナゴ。翅の側面にひときわ目立って見える黒い筋がコスリ器

翅　後脚

ナキイナゴを真上から見た部分アップ（左が翅で右が後脚）。ヤスリ器とコスリ器が接触している

ナキイナゴのヤスリ器。後脚腿節の内側に小さな突起が並ぶ

トノサマバッタはオスどうしが接近するときに、よく「タタタタ・・・」と発音する

トノサマバッタの後脚腿節の内側。このあたりにヤスリ器があたっていると思われる

トノサマバッタの前翅側面に見えるヤスリ器

バッタ目 バッタ科

ナキイナゴ［鳴稲子］
Mongolotettix japonicus

後脚を翅にこすり合わせて鳴くオス

大 オス約22mm、メス約30mm。**分** 北海道〜九州。**生** 6〜9月に活動する。ススキなど丈の高いイネ科植物の草地にすむ。草の茂った高いところで鳴くばかりでなく、周辺の下草にも見られる。昼に鳴く。
声 ①1匹の声をガンマイクで集音。「**シャカシャカ・・**」と、かたい音で尻上がりに音量があがる。鳴き声の長さは、1回に3〜4秒。数秒おいてつぎの鳴き、また数秒おいてつぎの鳴きをくり返す。②ススキの草原で、にぎやかに鳴き交わす様子をステレオ録音。ヒメギス（p.18）やマダラスズ（p.73）の声も聞こえる。

もっと知りたい！

メスに求愛するオス。メスは極端に翅が短い

ナキイナゴのオスは、同じ場所で鳴きつづけることがありません。1分も鳴かないうちに、ピョンとジャンプして、別の場所へ移ります。広いススキの原っぱでは、そうしないとメスに出あえないのでしょう。ナキイナゴに近づくときは、下手に追いかけず、じっと動かずに向こうからやってくるのを待ちます。もちろん、それなりに数がいる場所でないとできない作戦です。

バッタ目 バッタ科

ヒナバッタ［雛飛蝗］
Chorthippus biguttulus

オス。腹部の黄色とオレンジがよく目立つ

大 オス約20mm、メス約30mm。**分** 北海道〜九州。**生** 7〜11月に活動する。山地だけでなく平地にも見られる。明るく開けた草地を好み、林縁の広場に多い。地表付近で活動し、高い草にのぼることはない。昼に鳴く。**声** ①1匹の声をガンマイクで集音。「シャカシャカ・・・」と、かたい音でナキイナゴに似ているが、音量は一定。鳴き声の長さは、1回に3〜4秒。数秒おいてつぎの鳴き、また数秒おいてつぎの鳴きをくり返す。②山あいの広場にたくさんいて、鳴き交わしていた。ヒメギス（p.18）の声も聞こえる。ステレオ録音。

もっと知りたい！

晩秋、木々がすっかり葉を落としたあとも、ひだまりを探すとヒナバッタの声を聞くことができます。朝の気温が氷点下でも、昼に気温があがると合唱を聞くことができます。ところが日本海側の雪深い地方では、早々に姿が見えなくなります。晩秋からはくもり空がつづき、気温もあがらず、ヒナバッタも鳴きません。音の手がかりがないと、いつ姿を消すのかさえわからなくなります。

後脚を翅にこすりつけて鳴くオス

バッタ目 バッタ科
ヒロバネヒナバッタ ［広翅雛飛蝗］
Stenobothrus fumatus

オス。翅の一部が腹部にむかってやや出っぱる

大 オス約25mm、メス約30mm。 **分** 北海道〜九州。 **生** 7〜10月に活動する。やや標高の高いところにすみ、林縁の低い草地や、草のまばらな裸地を好む。おもに地表付近で活動するが、少し高い草にのぼって鳴くこともある。昼に鳴く。 **声** ①1匹の声をガンマイクで集音。「**パタパタパタ・・・**」「**シュー、シュー・・・**」「**シュルシュル・・・**」など、つぎつぎに音のパターンを変える。②晩秋、ひだまりに出て鳴く1匹の声をパラボラマイクで集音。ひんぱんに飛んでは鳴く場所を変えていて、羽音や着地音も聞こえる。

もっと知りたい！

ササの葉の上で鳴くオス

キリギリスやコオロギのなかまにくらべ、バッタの鳴き声は音を楽しめるものは少ないですが、ヒロバネヒナバッタは別格です。単純な摩擦音ですが、翅をこする速さを変えて音程を変化させます。何匹もが鳴いているととてもにぎやかで、十分、鑑賞に値します。また、オスどうしのなわばり争いは、鳴き声を競うばかりでなく、ぶつかりあいのケンカにも発展して、なかなかの見ものです。

バッタ目 バッタ科

トノサマバッタ［殿様飛蝗］
Locusta migratoria

バッタ目 **バッタのなかま**

日あたりのいい場所に出て日光浴するオス

大 オス約40mm、メス約60mm。**分** 日本全土。**生** 7〜11月の年二化。川原やススキ原、牧草地など明るく広い環境を好む。バッタのなかまではもっとも飛翔性が高い。**声** ①接近したオスどうしが互いをけん制するように「**タタタタ・・・**」と小さな音を立てていた。ビデオ映像より音声を抽出。②朝8時の川原にて。自らをアピールするようにつぎつぎに飛び立ち、空中で「**パタパタパタ・・・**」と羽音を立てていた。パラボラマイクで集音。③キリギリスの合唱を録音中、偶然、羽音を立ててマイクの前を横切っていった。ステレオ録音。

もっと知りたい！

メスに飛び乗って求愛するオス

トノサマバッタは、後脚を前翅にこすりつけて発音しますが、野外では音量が小さいために、かなり接近しないと聞き取りにくいです。この音は、飼育中のケースからもよく聞こえます。むしろ注目したいのが羽音。個体数の多い環境で、オスがつぎつぎに飛び立ち、「パタパタ・・・」音を立てていることがあります。遠くからもよく聞こえる音で、自らをアピールする行動と思われます。

バッタ目 バッタ科

カワラバッタ［河原飛蝗］
Eusphingonotus japonicus

後脚を翅にこすりつけて鳴くオス

大 オス約30mm、メス約40mm。 **分** 北海道〜九州。 **生** 8〜9月に活動する。夏から秋に石の多い川原に見られる。草のまばらな、石がゴロゴロした場所を好み、護岸のコンクリート部分にいることも多い。川原の環境は大雨のたびに激変するので、生息ポイントはしばしば変わる。昼に鳴く。
声 ①接近したオスどうしが鳴き交わす様子をパラボラマイクで集音。「**シュルッ、シュルッ**」と短く発音する。②ガンマイクを近づけたときにオスが発した微弱な音。「**ピッ、ピッ**」「**パタパタ・・・**」と、ふだん聞くのとは明らかに異質な音だった。

もっと知りたい！

川原の石によくとけこむメス

カワラバッタは、擬態の名手として有名です。川原の石がゴロゴロしたところにじっとしていることが多いので、まず見つかりません。やっと姿を確認できても、油断してちょっと目線をはずすと、もうどこにいるかわからなくなってしまいます。オスよりメスのほうがフラットな模様で、あまり動かず、より周囲の環境にとけこみます。

バッタ目 バッタ科
マダラバッタ ［斑飛蝗］
Aiolopus thalassinus

バッタ目 **バッタのなかま**

前翅にある緑色のラインが特徴

大 オス約30mm、メス約35mm。**分** 北海道〜南西諸島。**生** 8〜10月に活動する。明るく開けた環境を好み、海辺や川原、草のまばらな裸地などに見られる。比較的せまい範囲に、集中して暮らしていることが多い。昼に鳴く。**声** ①1匹の声をガンマイクで集音。後脚を前翅にすり合わせて、「ピュルル、ピュルル」とやわらかい音を出す。音量が小さく、10mもはなれると聞こえにくい。②芝の広場に集まり、競うように鳴いていた。周辺で鳴くマダラスズ（p.73）の声も聞こえる。ステレオマイクを群れのなかにおきっぱなしにして録音。

もっと知りたい！

オスどうしが近づくときもよく鳴く

マダラバッタの鳴き声は、音量が小さいので、積極的に聞こうとしないと、なかなか耳にとどきません。地べたにすわり込んで、気配を消すように待ちます。5分もすれば、オスはメスを探して活発に飛び、鳴き声も聞こえはじめます。オスどうしが接近したときも、相手をけん制するようによく鳴きます。しだいに、あたりはたくさんの小さな声でいっぱいになります。

バッタ目 バッタ科

ショウリョウバッタ ［精霊飛蝗］
Acrida cinerea

1匹のメス（下）に求愛する2匹のオス。
オスとメスではかなり大きさがちがう

大 オス約45mm、メス約80mm。**分** 本州〜南西諸島。**生** 8〜11月に活動する。8月のお盆のころに成虫が出現するところから、精霊と名づけられたという。丈の低い草地を好み、ため池や河川の土手、林縁の広場などに見られる。オスは危険を感じると翅を使って遠くまで飛んで逃げるが、飛び去るときにはっきりとした音を立てる。体の大きなメスも翅を使って遠くまで飛ぶが、「ブルッ」とふつうに羽音を立てるだけだ。
声 ①草地を歩きオスが飛び去るときの音をガンマイクで集音。「**キチキチ・・・**」という音が短く聞こえる。

もっと知りたい！

翅をひろげて飛ぶオス

ショウリョウバッタの別名に、「キチキチバッタ」があります。これは、ジャンプして翅をひろげて飛び去るオスが、「キチキチ・・・」と音を立てるところからきています。前後の翅をこすり合わせて音を出すと言われていますが、確かでしょうか？ 写真の飛ぶ姿からは、たたんだ前脚と前翅が接して見えて、何とも気になります。

コラム⑤
加齢と音の聞こえ

ホシササキリのオス。
ごく普通種だが、鳴き声が高く手強い相手だ

わたしが鳴く虫に興味を持ちはじめたのは、30代からでした。鳴き声を録音し、声の主を写真に撮って持ち帰り、鳴く虫を1つ1つおぼえていきました。でも、なぜか普通種であるはずのホシササキリ(p.28)に、いつまでたっても出あえず気になっていました。

あるとき、たまたま姿を目にしてカメラを向けてびっくりしてしまいました。ホシササキリは、翅をすり合わせて鳴く動作をしているのに、わたしの耳には何も聞こえてこないのです。距離は1mもはなれていません。マイクを向けて録音機のレベルメーターを見ると、思いのほか振り切っていました。でも、わたしの耳にはかすかな音しか聞こえません。聞こえないというのはこういうことかと、はじめて理解した瞬間でした。ホシササキリの声は15キロヘルツを超える高い音がほとんどなので、もうだいぶ前からわたしの耳には聞こえていなかったのです。

人の耳がとらえることができる音の高さは、20〜20,000ヘルツとされています。しかし、これはまだ劣化のはじまらない若い人の耳でのこと。人は年齢を重ねるごとに、聞こえる音の高さの幅(可聴域)はせまくなり、高い音から聞こえにくくなります。個人差はありますが、20代後半には16キロヘルツ以上の音が、60代では10キロヘルツ以上の音が聞こえなくなるといわれています。

鳴く虫にマイクを向けるのが嫌になるほどおち込みましたが、そういうものだとわり切るしかありません。その後、波形ソフトで超音波を視覚化することをおぼえて、また録音の楽しみが再燃しました。

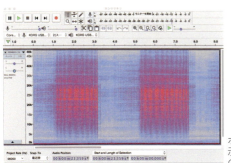

ホシササキリの声のスペクトログラム表示。横軸が時間で縦軸が周波数を表す。赤の濃さは音量が大きいことを示している

85

セミの発音のしくみ

セミの発音のしくみは、すべて腹部にあります。腹部を背中側から見たとき、オスには背弁とよばれる部分があり、その下に鼓膜とよばれる発音器があります。鼓膜はかたく柔軟性もあり、太い発音筋とつながり、発音筋の収縮にともない鼓膜が変形すると、「パチパチ」と音を立てます。この「パチパチ」という音は、高速で連続運動することで、「ジーー」という音になります。鼓膜の立てる音は小さなものですが、腹部の広い空洞（共鳴室とよばれる）で共鳴することで、大きな音になります。この発音のしくみは、声帯をふるわせて喉や鼻腔で共鳴させて発音する人の発声にちかいです。

さらに腹部の伸縮により共鳴室を変形させて、音の調子を変えることもできます。ヒグラシやハルゼミ、ツクツクボウシなどは、とくに腹部が大きく発達し、鳴くときもはげしく動かす種類は、とてもメロディアスな鳴き声になります。一方、アブラゼミのように、ほとんど腹部を動かさず鳴く種類は、単調な音しか出せません。

アブラゼミのオス。翅の下で両脇に丸く突き出した部分が背弁。この下に鼓膜がある

背弁を切り取ると見える鼓膜。針で押すとパチと音を立てる場所がある

交尾中のヒグラシ。オス（右）の腹部は、メス（左）とくらべて極端に発達しているのがわかる

鳴くエゾハルゼミ。腹部がほとんど空洞のようになっているがわかる

ミンミンゼミは、腹部だけでなく体全体を大きく動かしながら鳴く

カメムシ目 セミ科
アブラゼミ［油蝉］
Graptopsaltria nigrofuscata

鳴くオス。鳴いているときはやや翅が開く

大 約40mm。**分** 北海道〜九州。**生** 7〜9月に活動する。人家や公園の樹木、街路樹など人の暮らしに近い場所に多い。午前中はやや不活発で、午後は日没後にかけて集団でよく鳴く。**声** ①1匹の声をガンマイクで集音。「ジッジッジ・・・」という間奏につづいて本鳴き。本鳴きは、「ジーッ」と単調な連続音で、鳴きやまずに間奏に移る。②公園での合唱をステレオ録音。ニイニイゼミ（p.96）も1匹混じる。③休息時にたまに聞く短い合唱。1匹が「ジッ」と鳴くと、まわりも短く「ジッ」と返す。ステレオ録音。④つかまるとはばたきながら威嚇音を発する。

もっと知りたい！

名前の由来には諸説ありますが、おもしろいのが、鳴き声が揚げ物をしているときの音に似ているから、というもの。ミンミンゼミ（p.91）やニイニイゼミなど、擬声語がそのまま名前になったセミもいますが、普通種のアブラゼミがそれでは当たり前でおもしろくない、とややひねって考えられたのかもしれません。だれもが知っている音を取り上げ、じつに洒落がきいています。

サクラの幹に集まって競うように鳴くオスたち

クマゼミ ［熊蟬］
カメムシ目 セミ科
Cryptotympana facialis

大きく腹をふるわせて鳴くオス。
ひんぱんに飛んで場所を変えながら鳴く

大 約50mm。**分** 関東以西。**生** 7〜9月に活動する。西日本ではもっともポピュラーなセミで、街路樹や公園の木に多く、群れることがある。朝の早い時間から鳴きはじめ、おもに午前中に活発に活動する。午後はあまり動かずにじっとしていることが多い。
声 ①1匹の声をガンマイクで集音。「シャンシャンシャン・・・」とリズミカルに鳴く。15秒ほどで鳴きやむと、「ジーー」と間奏でつないでふたたび鳴きはじめる。②公園にて群れで鳴く様子をステレオ録音。午前中は、音量が下がることなく合唱がつづく。ニイニイゼミ（p.96）の声も聞こえる。

もっと知りたい！

東北で生まれ育ったわたしでも、子どものころからクマゼミの声はよく知っていました。テレビのロケ番組やドラマなどでよく耳にしていたからです。でも音量まではわからなかったので、はじめて生で聞いたときは衝撃を受けました。巨大な音の塊が、真夏の熱気とともに、肌につき刺さってくるような感覚でした。この刺激はのちのちクセになり、何年も遠ざかるとさみしくなります。

センダンの幹に群れるクマゼミ

カメムシ目 セミ科
スジアカクマゼミ ［筋赤熊蟬］
Cryptotympana atrata

クマゼミとちがい、鳴くときはほとんど腹をふるわせない

大 約40mm。 **分** 朝鮮半島、中国、台湾など。日本では石川県の一部にのみ発生。 **生** 7～9月に見られる。中国大陸に広く分布するが、2000年ごろから金沢市のごく限られた地域で確認されている。大きさも形もクマゼミ（p.89）によく似ているが、鳴き声はまったくちがう。 **声** ①1匹の声をガンマイクで集音。「ギーーー」という単調な鳴き声で、30秒ほど鳴く。②多くが群れるケヤキの前でステレオ録音。1匹が鳴きはじめると、かならずまわりもつられて合唱となり、鳴きやむときもいっせいに、パタッと静かになる。

もっと知りたい！

限られたせまい地域で発生をくり返すスジアカクマゼミですが、どのように日本に入ってきたのかは、いまだ謎だそうです。最初に発見されてから20年ほどになりますが、ほとんど生息範囲は広がっていないようです。毎年、発生しているのも不思議といえば不思議。幼虫期が数年あるセミのことですから、発生しない年があってもいいと思うのですが……。

石川県金沢市の生息地

カメムシ目 セミ科

ミンミンゼミ [みんみん蟬]
Hyalessa maculaticollis

カメムシ目 **セミ**のなかま

歩き鳴きしながら幹をおりてくるオス

大 約35mm。 **分** 北海道〜九州。 **生** 7〜9月に活動する。東日本では平地にも多いが、西日本ではおもに山地にすむ。 **声** ①1匹の声をガンマイクで集音。「ミンミンミン・・・」と次第に音量を上げる序奏にはじまり、「ミーン、ミンミンミン、ミー」という本鳴きに移る。同じ場所で鳴きつづけることはなく、1回ごとに鳴きおわると飛んで移動することが多い。②オスはよく歩きながら「ミンミンミンミー」と小さな声で鳴きつづける。ガンマイクで集音。③1匹に近づいてステレオ録音中、右手にいた1匹がじゃま鳴きをしてきた。

もっと知りたい！

ミンミンゼミの体色は、地域によって微妙にちがいます。ほぼ黒みのないタイプはミカド型、またはミカドミンミンと呼ばれます。エメラルドグリーンのうつくしいセミです。ミカド型が発生するのは、高温のためとか、はなれ小島のような閉鎖的な生息環境のためなど諸説ありますが、はっきりしたことはわかっていません。ちなみにミカド型の鳴き声は、標準型とまったく変わりません。

山形県の飛島では1〜2割ほどミカド型が見られる

カメムシ目 セミ科

ヒグラシ ［蜩・日暮など］
Tanna japonensis

スギの幹にとまるオス。
薄暗い林内では、日中もよく鳴く

大 約35mm。 **分** 北海道〜九州。 **生** 7〜8月に活動する。平野部から山地にかけて広く生息し、薄暗い林を好む。通常、昼は不活発で、夜明け前と、日没後の暗くなってから、とくに集中して合唱する。夕立の前のように、急に明るさがかわったときも、合唱がはじまることがある。 **声** ①1匹の声をパラボラマイクで集音。「**カナカナカナ・・・**」と短いが印象的な本鳴き。長くつづいて10秒ほどだ。②日没後の合唱をステレオ録音。1匹が鳴くと数匹がかぶせるように鳴く。③本鳴きと本鳴きの間に「**クー・クー**」と小さな声が聞こえる。パラボラマイクで集音。

もっと知りたい！

梅雨の晴れ間、たまたま入ったスギ林で、目の前の太い幹にヒグラシが10匹近くとまっているのにおどろきました。しばらく観察していると、メスは産卵をはじめ、オスは争うように鳴きます。それまでわたしは、スギ林は昆虫が不毛とさけていました。薄暗い環境を好むヒグラシは、スギ林なら夕方でなくとも昼間から活発なことを、このときようやく知ったのです。

スギの樹皮に産卵するメス

カメムシ目 セミ科

ハルゼミ ［春蟬］
Terpnosia vacua

カメムシ目 **セミ**のなかま

鳴いているオス。黒い体に腹端の白がよく目立つ

大 約30mm。 **分** 本州（関東以西）～九州。 **生** 4～7月に活動する。本州では、1年でもっとも早く鳴きはじめる。平野部から山地にかけて生息するが、アカマツやクロマツなどのマツ林に限られる。晴天時は活発だが、くもりの日はほとんど鳴かない。
声 ①1匹の声をパラボラマイクで集音。「**ギー、ギー**」という音と、「**ジリジリ・・・**」という音が重なったような音。1回の鳴きは7～8秒ほど。1匹が鳴くとまわりも合わせて合唱することが多い。②アカマツ林で鳴く集団の声をステレオ録音。タイミングはバラバラだが、周期的な音量の変化がある。

もっと知りたい！

マツ林とともに生きるハルゼミ

近年、ハルゼミの生息地の減少が心配されています。生息地のアカマツ林が、伐採や松枯れにより環境が悪化しているためです。ほかの種とくらべて長距離移動もしないため、生息地のアカマツが弱ってしまうと、ハルゼミも生き残れません。いまは良好な環境であっても、環境の影響を受けやすいセミであることを忘れてはなりません。

カメムシ目 セミ科

エゾハルゼミ ［蝦夷春蟬］
Terpnosia nigricosta

オスはとくに腹部が大きく、あざやかなオレンジが印象的だ

大 約35mm。**分** 北海道〜九州。**生** 5〜7月に活動する。本州中部以西では標高1,000m以上の山のセミで、ブナをはじめとした落葉広葉樹の林に暮らす。よく晴れた日には、午前中の早い時間から鳴きはじめ、夕方、日没近くまで鳴きつづける。**声** ①1匹の声をパラボラマイクで集音。「ミョーキン・ミョーキン・ケケケケ・・・」と表現される独特の鳴き声だ。②集団で鳴き交わす様子をステレオ録音。「ミョーキン」ばかりをくり返す個体もいるようだ。マイク近くの沢すじでは、タゴガエルが鳴き交わしている。

もっと知りたい！

鳴きながらメスに近づき求愛するオス（下）

初夏は、山菜採りや山開きで、山に入る人が1年でもっとも多い季節。新緑のブナ林に入れば、耳をつんざくようなエゾハルゼミの大合唱に歓迎されます。ハルゼミ（p.93）もエゾハルゼミも、とても印象深い声で鳴くので、多くの人が知っているはずですが、テレビのニュースでは毎年、「こんな季節にセミの声が!?」と、不思議な出来事として取り上げられます。

カメムシ目 セミ科

ヒメハルゼミ ［姫春蟬］
Euterpnosia chibensis

ヒグラシに似ているがずっと小さく、薄暗い林のなかでは非常に見つけにくい

大 約25mm。**分** 本州（関東以西）〜九州。**生** 6〜8月に活動する。古くからの自然度の高い常緑樹林を好み、生息地は局所的。神社をかこむ、いわゆる「鎮守の森」にすむ例が多い。鳴くときはかならず合唱となり、まるで森全体がうなっているかのように響く。昼くらいからよく鳴き、日没近くまで合唱がつづく。**声** ①1匹の声をガンマイクで集音。「ジージジー」と短調な音のくり返しだが、約10秒単位で音の強弱が見られる。②鎮守の森に響く合唱をステレオ録音。周囲が大きな「シャーッ」という巨大な音の波につつまれる。

もっと知りたい！

ヒメハルゼミの生息地は、まさに蝉時雨の世界。音のシャワーを浴びるような特別な体験ができます。新潟県糸魚川市の白山神社でのこと。森に入る前からすでに鳴き声が聞こえていて、はなれた場所からは、まるで森全体が1つの音でうなっているように感じられました。なかに入ると、今度は「シャーッ」と上から音がふってきます。このスケール感は、現場でしか味わえません。

白山神社のヒメハルゼミは天然記念物に指定されている

カメムシ目 セミ科

ニイニイゼミ [にいにい蝉]
Platypleura kaempferi

サクラの幹にとまって鳴くオス。樹皮に擬態していて、すぐ近くで鳴いていても見つけにくい

大 約25mm。 **分** 北海道～沖縄。 **生** 6～9月に活動する。夏のセミのなかでもっとも早く鳴きはじめる。市街地から果樹園、雑木林、山地などに広く生息する。ほぼ1日中鳴いているが、ヒグラシ（p.92）とともに日の出前と日没後にとくによく鳴く。 **声** ①1匹の声をガンマイクで集音。「チッチッチ」と小さな序奏からはじまり、やがて「チーーー」という本鳴きに移る。②日没後の公園での合唱をステレオ録音。日中より、はるかににぎやかに鳴いていた。③2匹が互いをけん制するように鳴く様子を接近してステレオ録音。④つかまったときの悲鳴。

もっと知りたい！

翅をひろげ腹部をふるわせながら鳴くオス

松尾芭蕉の句「閑さや 岩にしみ入る 蝉の声」に登場するセミは何かという議論は、いまもときどき話題になります。この句が詠まれた7月13日ごろに鳴くセミは、ニイニイゼミとヒグラシのほか、アブラゼミ（p.88）やエゾゼミ（p.98）など。わたしは断然、ニイニイゼミとヒグラシの合唱説です。夜明け前と日没後にくり返される2種の合唱は圧倒的で、まさに岩に染み入る感じです。

カメムシ目 セミ科

チッチゼミ [ちっち蝉]
Kosemia radiator

ブナの枝で鳴くオス。側面から見ると後翅の一部が黒くつき出して見えるのが特徴

大 約20mm。 **分** 北海道〜九州。 **生** 7〜10月に活動する。真夏より鳴きはじめるが、秋の紅葉の季節の声が印象的だ。おもに山地に生息し、アカマツなどの針葉樹にも、ブナやミズナラなどの広葉樹にも見られる。飛びながら鳴くこともある。 **声** ①1匹の声をパラボラマイクで集音。「**チッチッチ・・・**」と連続的な音だが、数回〜十数回ごとに短い区切りが入る。また、区切りのあとの1音は、「**ブッ**」とやや異質な音に聞こえる。②2匹の声を近距離からステレオ録音。左右の2匹が同期するように鳴いていて、まるで1匹の声のように感じられる。

もっと知りたい！

極小サイズで近くで鳴いていても見つけにくい

チッチゼミは、姿が見えにくいセミです。山地ではわりとふつうに鳴きますが、小さく、木の高いところで鳴くことが多いためです。さらに、付近の何匹かで同期するように鳴くので、まるで1匹の声にしか聞こえないことがあり、それも見つけにくさの一因です。多くのセミは、鳴き声を聞けば、その場の個体数がだいたいわかるものですが、チッチゼミについては、それもむずかしそうです。

カメムシ目 セミ科

エゾゼミ ［蝦夷蟬］
Lyristes japonicus

コナラの幹にとまるメス。大きくて存在感がある

大 約45mm。 **分** 北海道〜九州。 **生** 7〜9月に活動する。広葉樹林にもいるが、アカマツやスギなどの針葉樹林に多いセミ。飛ぶのが得意でないためか、同じ場所で長く鳴きつづけることが多い。天気に関係なく朝から夕方まで鳴く。 **声** ①1匹の声をパラボラマイクで集音。「ジーーー」と太く大きな声で連続的に鳴く。10分以上鳴きつづけることも多い。ときどき「ジイ、ジイ、ジイ・・・」と短く区切ったように鳴く間奏を入れる。②エゾゼミ数匹による合唱をステレオ録音。圧倒的な音量で、ほかの音が聞こえにくくなる。

もっと知りたい！

腹を「くの字」にまげて鳴くオス

山あいの暮らしでは、騒音なんて無縁と思われそうですが、セミの声をわすれてはなりません。アブラゼミ（p.88）も相当なものですが、山にすむエゾゼミは、1匹でもかなりの爆音です。エゾゼミは、日本産のセミのなかではもっとも低音が強く、声量もトップクラス。頭上でエゾゼミに鳴かれると、立ち話もまともにできなくなります。

カメムシ目 セミ科

アカエゾゼミ［赤蝦夷蝉］
Lyristes flammatus

カメムシ目 セミのなかま

街灯の下に見つけたオス

大 約45mm。 **分** 北海道〜九州。 **生** 7〜9月に活動する。平地から山地にかけて、自然度の高い広葉樹林にすみ、とくにブナ林を好むようだ。名前のように赤み（オレンジ）が強いのが特徴だが、個体変異があり、エゾゼミとの区別がむずかしいものもいる。午前中によく鳴き、ひんぱんに移動しながら鳴くことがある。 **声** ①渓流沿いのブナ林でステレオ録音。「ギーーー」と30秒ほど鳴きつづけてパタッと鳴きやむと、はなれた木に移っていった。②1匹の声を遠くからパラボラマイクで集音。このときはとくに短く、10秒ほどで鳴きやんだ。

もっと知りたい！

鳴き声の先にようやく見えたオス

アカエゾゼミの鳴き声の高さは、エゾゼミとコエゾゼミ（p.100）の中間くらいです。ところが、実際に野外で1匹だけの声を聞くと、比較するものがないので、よくわかりません。その場合、1回の鳴きの長さに注目してみましょう。アカエゾゼミの場合、30秒ほどで鳴きやんで移動することがよくあり、何分も同じ調子で鳴きつづける、ほかの2種と区別できるかもしれません。

カメムシ目 セミのなかま

カメムシ目 セミ科
コエゾゼミ [小蝦夷蝉]
Lyristes bihamatus

エゾゼミにくらべてひとまわり以上小さく感じる

大 約35mm。 **分** 北海道、本州、四国。
生 7〜8月に活動する。冷涼な環境を好み、北海道では平地のセミだが、本州中部以西では標高1,000m以上の高地に暮らす。晴れると早朝から鳴き、日没近くまで声を聞くことができる。 **声** ①1匹の声をガンマイクで集音。「ギーーー」と、エゾゼミ（p.98）とくらべるとはるかに高い声で鳴くので、聞き分けはむずかしくない。数分にわたって連続して鳴くのがふつうだ。②高原で数匹が鳴き交わす様子をステレオ録音。途中で、「ジーッ、ジーッ・・・」と、短く区切る間奏も聞こえる。

もっと知りたい！

山の天気は変わりやすいもの。急に雲が出てきたと思ったら、横なぐりの雨にびしょ濡れになった経験はありませんか。わたしの数少ない体験ですが、にぎやかに鳴いていたコエゾゼミの声が、1つまた1つとやんで静かになり、まもなく黒い雲が出てきて天気が急変したことがあります。コエゾゼミは、晴れた日によく鳴くので、変化がはげしい山の天気をよく知っているのかもしれません。

低いかん木のなかで鳴くこともある

カメムシ目 セミ科
ツクツクボウシ ［つくつく法師・寒蟬］
Meimuna opalifera

腹部を小きざみに動かして鳴くオス

大 約30mm。**分** 北海道〜九州。**生** 7〜10月に活動する。都市部から山地まで広く生息するが、東北地方では生息地が点々としている。とても特徴的な鳴き声で、聞きなしがそのまま名前になった。**声** ①1匹の声をガンマイクで集音。「**ツクツクオーシ**」という音のくり返しだが、微妙に調子のちがう序奏・本奏・後奏で構成される。1回の鳴きは20〜30秒と短く、数秒休んですぐにつぎの鳴きをはじめることも多い。②公園のサクラで集団で鳴く様子をステレオ録音。「**ジューッ**」とじゃま鳴きする声も聞こえる。

もっと知りたい！

逆光で見ると、オスの腹は空洞が多いのがわかる

関東の平野部では、公園や街路樹でごくふつうに鳴くツクツクボウシですが、わたしのすむ山形県では、おもに大きな川の上流部に広がる自然度の高い河畔林に暮らす、局所的でめずらしいセミです。あまりに生息環境がちがうので、本当に同じ種類なのか不思議なくらいです。深山の奥に響く声も、なかなか乙なものですよ。

カメムシ目 セミのなかま

虫の音もさまざま
～「キイキイ」と鳴く虫たち

　虫のなかには、つかむと「キイキイ」と威嚇の音を出すものがいます。よく知られているのはカミキリムシで、多くは中胸にヤスリ器、前胸の内側にコスリ器があり、体を曲げる動作をくり返して発音器官をすり合わせることで、「キイキイ」という音をつくります。この音は、なかまとコミュニケーションを取るためのものではなく、外敵におそわれたときに威嚇するだけの音のようです。同じカミキリムシでも、種類によって音色は微妙にちがいます。

　また、ノコギリカミキリのように、発音のしくみがまったくちがうものもいます。こちらは前翅のへりにヤスリ器があり、後脚でくり返しこすって小さな摩擦音を立てます。コガネムシにもシロスジコガネのように、つかまえると「キイキイ」という音を立てるものがいますが、腹部と前翅に発音の秘密があるようです。

　ほかにもさまざまな昆虫が、「キイキイ」と発音しますが、発音のしくみも、その目的もよくわかっていないものがほとんどです。

声①シロスジカミキリをつかむと、細かく首を降るような動作をくり返し、「**キイキイ**」と音を立てる

声②ミヤマカミキリの立てる音は、シロスジカミキリよりややマイルドな「**キイキイ**」音だ

声③ノコギリカミキリは、後脚を前翅のへりにこすりつけて「**キュッキュッ**」と発音する

声④浜辺に見られるシロスジコガネも、つかむと「**キイキイ**」と高い音を立てる

声⑤ウスタビガの幼虫はつかむと、「**チーー**」と不思議な響きの音をたてる。この音は繭づくりのときにも聞くことができる。発音のしくみは不明

声⑥胸にドクロ模様のあるクロメンガタスズメは、つかむと「**キキキキ・・・**」と音を立てる。飛びながら発音することもある

声⑦サトジガバチは、地面に巣穴を掘るときに「**ジイジイ・・・**」といった音を出す。ジガバチのジガは、「地下」の意味だとする説もあるが、穴掘りの音が「**ジガジガ・・・**」と聞こえるからという説もある

声⑧オオトビサシガメは、つかまえると「**チイチイ**」と音を立てる。口吻を胸の溝にこすりつけて音を立てているようだ

虫の音もさまざま
〜振動でコミュニケーション

ウンカやヨコバイなどの半翅目のなかには、体をふるわせて振動をつくり、とまっている植物の葉や枝に伝えて、なかまとコミュニケーションをとるものがいます。また、バッタのなかまには、発音こそできませんが、脚や口ひげで植物などをたたくタッピング、またはドラミングという行動で、なかまと交信するものがいくつか知られています。

声 ①ツマグロオオヨコバイが集まっているところに、特殊なマイクをとりつけて集音。オスどうしのなわばり宣言の振動のようだ。②メスに求愛中のオスが発したツマグロオオヨコバイの別の振動。

ツマグロオオヨコバイのオスは、体をこまかくふるわせて、脚から葉や枝に振動を伝える

声 ③飼育中のコロギス数匹が発したタッピング音。残念ながら植物ではなくプラスチックケースの壁面をたたいての発音だが、かなり大きな音だ。

コロギスは翅を使って鳴くことはできないが、後脚で植物の葉や枝をこまかくたたいて音を発生させ、近くにいるなかまと交信する。この行動はタッピングとよばれる

用語の解説

- **希少種**：生息数が少なく、生息地が限られ、絶滅が心配される種類。
- **擬態**：擬態にはいくつかタイプがあるが、この本では、植物や地面などまわりの環境に姿を似せ、天敵から身をまもる、隠蔽型擬態のこと。カモフラージュともいう。
- **共鳴**：特定の震動に反応して大きな震動が発生する物理現象。弦楽器や管楽器など多くの楽器は、共鳴により大きな音を奏でている。
- **周波数とヘルツ**：音は空気の震動で、一定時間あたりの震動の数を、周波数であらわす。通常は、1秒間あたりの周波数をあらわすヘルツという単位を使う。周波数が小さいと音は低くなり、大きいと音は高くなる。
- **樹上性**：あまり地上におりることを好まず、木の上を生活の場にする生きものの性質。
- **集音**：マイクを使って目的の音をとらえること。とくにガンマイクやパラボラマイクを使うときに使われる。これに対して、録音とは、集音された音を電気信号に変換し、記録することをいう。
- **ステレオ**：左右の耳で聞くことを前提とした立体音響技術。左右2本のマイクで集音し、左右2本のスピーカーで再生するのが基本。
- **卵越冬**：昆虫は種類により、卵・幼虫・蛹・成虫の、いずれか決まったステージで冬を越す。これを越冬態とよび、卵越冬、幼虫越冬のようにあらわす。鳴く虫の多くは、卵越冬である。
- **デシベル**：騒音をあらわす単位として使われる。デジタル録音機のレベルメーターにも使われ、0デシベルがきれいに音が録れる最大音である。これを基準値に、マイナス6デシベルで50％、マイナス12デシベルで25％のように音量をあらわす。
- **テンポ**：この本では、虫たちの鳴き声を楽曲になぞらえ、鳴き声のスピードをあらわす。
- **肉食性**：食べものが動物質であること。これに対し、食べものが植物質の場合は草食性という。肉食性・草食性の双方をあわせもつ場合は、雑食性という。
- **年二化**：1年間に2世代をくり返し、成虫が2回発生すること。これに対し、1年間に1世代のみのものは年一化という。
- **ノイズ**：必要な情報以外の余分なデータのことで、音声の場合は雑音のこと。虫の声の集音では、接触音や風音、自分の鼻息などのノイズに注意したい。
- **発音鏡**：コオロギやキリギリスの前翅に見られる発音器官の1つ。微振動を受けてこまかくふるえ、大きな音を発生する。
- **本鳴き**：種類によっては、序奏や間奏のような鳴き方があり、その場合、メインの鳴き方を本鳴きとよぶ。
- **ヤスリ器とコスリ器**：コオロギやキリギリス、バッタに見られる発音器官の1つ。こまかい突起が並んだヤスリ器（File）を、かたいツメのようなコスリ器（Scraper）でひっかくことで、摩擦音が発生する。

鳴く虫の分布の拡大

人為的な影響

　鳴く虫の分布の拡大には、人の手によって卵が運ばれる一時的な移動がきっかけとなり、勢力をのばすケースが多くあります。明治時代に外来種として日本に入ってきたことで有名なアオマツムシ (p.57) も、卵が木の枝に産みつけられるので、現在も街路樹や庭木とともに運ばれ、勢力を伸ばしつづけています。わたしは、2000年前後に長野県上田市での発生の様子を目の当たりにしました。

ほぼ同じころ、山形県でもはじめて鳴き声が確認されたそうで、いまでは鶴岡でも年々、数を増やしています。このような人為的な分布拡大の例には、ほかにクサヒバリ (p.66)、カネタタキ (p.74) があります。通常の分布拡大は、県境、市境のような峠道にも生息状況の連続性がありますが、人為的な拡大では、市街地を中心にスポット的に生息地が点在するようになります。植木以外にも、鉢植え、ポット野菜の苗、芝などの植物とともに土のなかに埋め込まれた卵が運ばれるケースも考え

アオマツムシ

マサキの生け垣に多いクサヒバリ

られます。そのように本来の生息地でない土地で一時的に発生した昆虫は、だいたいは気候も合わず、2〜3年で姿を消してしまいますが、このところの世界的な気候変動の影響で、状況が変わってきているのかもしれません。

カネタタキ

クマゼミは、関東の都市部でも支配的なセミとなるのか？

温暖化と鳴く虫

　地球温暖化の影響で、年平均気温が上昇し、自然界にもさまざまな変化が見られます。鳴く虫も、いくつか分布の北限が変化してきています。よく話題になるのがクマゼミ（p.89）です。関西ではもっともふつうに見られるセミで、しばらく分布の北限は神奈川県だったのですが、10年ほど前に東京でも鳴き声を聞くようになったとさわがれはじめ、すぐに茨城県からの報告もつづきました。現在も関東一円で分布が拡大しているようです。東北地方で声を聞くのも時間の問題でしょう。

　わたしのすむ山形県鶴岡では、この10年の間に、カヤキリ（p.21）の生息地が増えました。カヤキリは、日本海側の分布の北限は新潟県とされてきましたが、まず、新潟と山形の県境に定着し、その後、数年たって山形県側の海沿いに一気に生息地がひろがりました。ほかにもキンヒバリ（p.65）やクマコオロギ（p.53）など、山形県に分布していなかった鳴く虫の生息地が、つぎつぎに見つかっています。

声の主を探すワザ

鳴き声のするほうにそっと近づき、声の主を探してみましょう。鳴いている姿を写真や動画に撮影するのには、さまざまな困難がありますが、まずは鳴く虫を見つけないことにははじまりません。

声の主を探すには、まずいろいろな方向から音を聞き、音の出どころを探ります。茂みの奥で鳴いていると、葉や枝などの障害物で音がさえぎられたり反響したりで、音の方向がわかりにくいことがあります。数メートル離れた場所から、さまざまな角度から音を聞き、どこでもっとも大きく聞こえるかを探り

光量の弱い
小さなLEDライトがいい

ます。また、同じ場所でも上下左右に体を動かすだけで、音の聞こえ方が変わってきます。そうして、だいたいの場所を特定します。ここまでは、昼も夜も同じです。昼の場合は、もう姿が見えているかもしれません。夜の場合は、ライトをあてる必要があります。

鳴いているキンヒバリ。
とても見つけにくい

ライトの奥にようやく
見つけたマツムシ

ヘッドランプは、両手が使えて便利です。夜道で荷物をもって歩くときは重宝しますが、鳴く虫を探すときには、手にもつ小さなライトに切り替えましょう。光量の強いライトをあてると、虫はおどろいて鳴くのをやめ、茂みの奥にもぐってしまうからです。弱いライトでも、直接、光があたるとおどろいてしまうので、やや光軸をずらし、そっとあてるようにしましょう。少しおどろいたくらいなら、いったん虫は鳴きやみますが、ライトを消して動かずまっていれば、たいていはふたたび鳴きはじめます。むしろ、枝にぶつかるなど、近づくときは振動をおこさないよう気をつけましょう。

　夜の撮影では、見つけるためのライトだけでなく、撮影用の照明も必要になります。マツムシのように、ライトをあてても鳴きつづける虫もいますが、ふつうは途中で鳴きやんでしまいます。そのため、動画撮影は困難を極めますが、写真撮影ならストロボを利用すればいいので簡単です。ストロボ光は強いですが、一瞬の光なので、虫もあまりおどろきません。といってもストロボを使う場合でも、暗闇のなかで虫を照らすライトが必要です。ストロボのなかにはピント調整用の補助ライト（モデリングライト）を内蔵するものがあり、ひとりで夜間撮影するときには、たいへん重宝します。

夜の活動では両手が使えるヘッドランプもほしい

ストロボはモデリングライトが使える機種が便利

部位の説明

触角…においをかぐ嗅覚のほか、さわって感触を確かめる触覚をつかさどる。触角でなかまどうしふれ合って相手を確かめる。

前翅（右翅・左翅）…左翅が上、右翅が下に重なっていて、重なっている部分に発音器官がある。前翅の下に後翅がかくれている。

翅脈…翅に縦横に走るかたい筋。軽くて薄い翅を強く支える役目のほか、オスの前翅の発音では振動を伝えるはたらきがある。

胸…前胸・中胸・後胸にわかれる。前胸からは前脚が、中胸からは前翅と中脚が、後胸には後翅と後脚が出ており、胸の内部は太い筋肉が発達している。

頭…触覚、複眼、単眼など重要な感覚器が集中し、食べるための口がある。昆虫の呼吸器官は頭部にはなく、胸と腹部の各節にある気門で呼吸をおこなう。

ヒガシキリギリス

腹…内部には呼吸器官や消化器官がある。腹端には交尾器があり、メスはよく目立つ長い産卵管をもつ。

脚…左右に前脚・中脚・後脚があり、合計6本の脚をもつ。胸に近いほうから、基節・腿節・脛節・跗節の4つの節からなり、後脚腿節はとくに太く発達して、遠くまでジャンプすることができる。前脚の脛節には、耳に相当する聴覚器官がある。

頭…触覚、複眼、単眼など重要な感覚器が集中し、食べるための口がある。セミの口は、植物の汁を吸うストローのような形状。

胸…前胸・中胸・後胸にわかれる。前胸からは前脚が、中胸からは前翅と中脚が、後胸からは後翅と後脚が出ている。

腹…内部には呼吸器官や消化器官があるほか、胸に近い部分に発音器官があり、発音器につながる太く発達した発音筋がある。また、内部は大きな空洞になっていて共鳴室と呼ばれる。大きな音を発生する笛のようなはたらきをする。

背弁…オスの腹部第2節の両端に肥大したかたい膜。この下に発音器がある。ちなみにチッチゼミにはない。

翅…静止時は小さな後翅の上に大きな前翅が重なる。飛翔時には、前翅と後翅が連結して1枚の大きな翅として機能する。

ミンミンゼミ

■ 種名索引

ページ	種名
57	アオマツムシ
99	アカエゾゼミ
38	アシグロツユムシ
88	アブラゼミ
19	イブキヒメギス
29	ウスイロササキリ
103	ウスタビガ
44	エゾエンマコオロギ
67	エゾスズ
98	エゾゼミ
36	エゾツユムシ
94	エゾハルゼミ
45	エンマコオロギ
24	オオクサキリ
103	オオトビサシガメ
30	オナガササキリ
74	カネタタキ
54	カマドコオロギ
21	カヤキリ
70	カワラスズ
82	カワラバッタ
59	カンタン
65	キンヒバリ
22	クサキリ
66	クサヒバリ
61	クチキコオロギ
35	クツワムシ
26	クビキリギス
53	クマコオロギ

ページ	種名
55	クマスズムシ
89	クマゼミ
103	クロメンガタスズメ
62	ケラ
100	コエゾゼミ
52	コガタコオロギ
102	コガネムシ
31	コバネササキリ
20	コバネヒメギス
104	コロギス
27	ササキリ
40	サトクダマキモドキ
103	サトジガバチ
71	シバスズ
25	シブイロカヤキリ
84	ショウリョウバッタ
102	シロスジカミキリ
103	シロスジコガネ
90	スジアカクマゼミ
58	スズムシ
37	セスジツユムシ
48	タンボオカメコオロギ
46	タンボコオロギ
97	チッチゼミ
101	ツクツクボウシ
51	ツヅレサセコオロギ
104	ツマグロオオヨコバイ
81	トノサマバッタ
78	ナキイナゴ

ページ	種名
96	ニイニイゼミ
103	ノコギリカミキリ
33	ハタケノウマオイ
69	ハマスズ
32	ハヤシノウマオイ
47	ハラオカメコオロギ
93	ハルゼミ
17	ヒガシキリギリス
92	ヒグラシ
72	ヒゲシロスズ
79	ヒナバッタ
18	ヒメギス
23	ヒメクサキリ
95	ヒメハルゼミ
60	ヒロバネカンタン
80	ヒロバネヒナバッタ
28	ホシササキリ
39	ホソクビツユムシ
73	マダラスズ
83	マダラバッタ
56	マツムシ
50	ミツカドコオロギ
102	ミヤマカミキリ
91	ミンミンゼミ
49	モリオカメコオロギ
68	ヤチスズ
16	ヤブキリ
64	ヤマトヒバリ

■ 参考資料

- 梅谷献二著『文明のなかの六本脚』(築地書館)
- 大阪市立自然史博物館・大阪自然史センター編『鳴く虫セレクション』(東海大学出版会)
- 髙嶋清明著『子供の科学★サイエンスブックス 鳴く虫の科学』(誠文堂新光社)
- 日本直翅学会編『バッタ・コオロギ・キリギリス大図鑑』(北海道大学出版会)
- 林正美・税所康正編著『日本産セミ科図鑑』(誠文堂新光社)
- 宮武頼夫編『昆虫の発音によるコミュニケーション』(北隆館)

■ 参考サイト

- 虫の音WORLD　▶http://mushinone.sakura.ne.jp/

■ 著者
高嶋清明（たかしま・きよあき）

昆虫写真家。1969年山形県山形市生まれ。写真家・海野和男氏の助手を経て2008年独立。山形県庄内地方をフィールドに昆虫メインの写真家として活躍中。ほかにも動画・録音などメディアの幅を広げ昆虫の魅力に迫っている。最近は特にハイスピードカメラを使い、昆虫たちの見えない世界を追っている。日本写真家協会、日本自然科学写真協会会員。
HP：http://neptis.xsrv.jp/

おもな著書
『子供の科学★サイエンスブックス 鳴く虫の科学』（誠文堂新光社）
『科学のアルバム・かがやくいのち カ――ヤブカの一生』（あかね書房）
『虫から環境を考える(5)里山にすむクロスズメバチ』（偕成社）

■ デザイン
國末孝弘（ブリッツ）

■ パソコン用CD制作
エンウィット

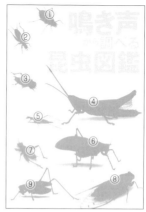

カバー写真：
① スズムシ
② カネタタキ
③ エンマコオロギ
④ ナキイナゴ
⑤ カンタン
⑥ ハヤシノウマオイ
⑦ キンヒバリ
⑧ ヒグラシ
⑨ ヒガシキリギリス

鳴き声から調べる昆虫図鑑
おぼえておきたい75種　パソコン用CD付き
2018年9月17日　初版第1刷発行

著者　●　高嶋清明
発行者　●　斉藤 博
発行所　●　株式会社 文一総合出版
　　　　〒162-0812
　　　　東京都新宿区西五軒町2-5 川上ビル
　　　　tel. 03-3235-7341（営業）、03-3235-7342（編集）
　　　　fax. 03-3269-1402
振替　　●　00120-5-42149
印刷　　●　奥村印刷株式会社

乱丁・落丁本はお取り替え致します。
© Kiyoaki Takashima 2018
Printed in Japan
ISBN978-4-8299-8812-1
NDC486　112ページ　A5（140×210mm）

JCOPY〈(社)出版社著作権管理機構 委託出版物〉
本書の無断複写は著作権法上での例外を除き禁じられています。複写される場合は、そのつど事前に、(社)出版社著作権管理機構（tel.03-3513-6969、fax.03-3513-6979、e-mail：info@jcopy.or.jp）の許諾を得てください。

【付属のパソコン用CDについて】
- このCDはコンピュータによる書き込み形式です。再生される機器等によっては、再生できない場合があります。
- このCDは、個人的な範囲を越える使用目的で複製すること、インターネット上のネットワーク配信サイト等へ配布、またネットラジオ局等へ配布することを禁止します。
- このCDは、図書館等での非営利無料の貸し出しに利用することができます。利用者から料金を徴収する場合は、著作権者の許諾が必要です。

OK 館外貸出可

【取り扱い上の注意】
- ディスクは両面共、指紋、汚れ、キズをつけないように取り扱ってください。
- ディスクが汚れたときは、柔らかい布で内周から外周に向かって放射状に軽く拭き取ってください。
- ディスクは両面とも、鉛筆、ボールペン、油性ペンなどで文字や絵を描いたり、シールを貼ったりしないでください。
- ひび割れや変形、または接着剤等で補修したディスクは、危険ですから絶対に使用しないでください。

【保管上の注意】
- 直射日光の当たる場所、高温・多湿の場所には保管しないでください。
- ディスクの上に重いものを置いたり、落としたりすると、ディスクが破損し、ケガをすることがあります。

本書付属の CD はパソコン専用です。

【対応 OS】
Windows 7 / 8.1 / 10 以上
OS X 10.7 以上 / mac OS Sierra 以上
※ Microsoft Windows XP/ Vista には対応しておりません。
※各 OS の最新ブラウザにアップグレードしてお使いください。

【推奨ブラウザ】
Windows：Internet Explorer 11 以上
Mac：Safari 10 以上

【音声データ】
収録している音声データ（MP3 ファイル）は、パソコンにダウンロード、保存ができます。ソフトで波形表示したり、タブレット末端やスマートフォンへコピーするなどさまざまにご利用ください。音声データのご使用は、購入者ご自身が私的にお使いいただく場合に限られます。本データやそれを加工した物を第三者に譲渡・販売することは固く禁じます。

【特典動画】
この CD には、鳴く虫の動画が 4 本、収録されています。お使いの環境（OS・ブラウザ）によって動画を再生できない場合があります。OS とブラウザのバージョンをご確認の上、HTMLVideo に対応した環境でご利用ください。
※ Windows 7 の IE で再生できない場合、Chrome あるいは Firefox の最新版をインストールしてご利用ください。

【パソコン用 CD の使い方】
①付属の CD を、CD あるいは DVD ドライブへセットします。
②「鳴き声から調べる昆虫図鑑.html」をダブルクリックします。
③トップページからは、本書の掲載順に各科の名前が並びます。特典動画もこちらからご覧いただけます。
④画面上「五十音」のタブをクリックすると、名前の順に虫の名前が並びます。また、「鳴き声による分類」では、本書 8 〜 11 ページの内容に合わせて虫を検索しやすいように並べました。
⑤音を再生するときは、虫の名前の右にある「 」をクリックすると、各昆虫の画面が開きます。「 」をクリックすると、収録されている鳴き声を聞くことができます。なお、前ページや次ページに移動するときは、「 」「 」をクリックしてください。
⑥画面上「 」をクリックすると、③の画面に戻ります。
※なお、より詳しい解説につきましては、小社 HP（https://www.bun-ichi.co.jp）内にある「鳴き声から調べる昆虫図鑑」ページをご覧ください。

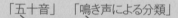

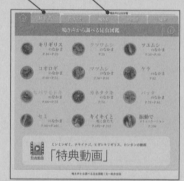
「特典動画」